话说石油
Petroleum Stories

编委会主任 焦方正

张卫国 王志明
郑冰 孙兆辉 等编著

"油"来已久
漫话石油历史

石油工业出版社

图书在版编目（CIP）数据

"油"来已久：漫话石油历史 / 张卫国等编著 .
北京：石油工业出版社，2024.10. --（话说石油）.
ISBN 978-7-5183-7049-8

Ⅰ . TE-49
中国国家版本馆 CIP 数据核字第 2024ST2657 号

出版发行：石油工业出版社
　　　　　（北京安定门外安华里 2 区 1 号　100011）
　　　　　　　网　　址：www.petropub.com
　　　　　　编辑部：（010）64210387　　图书营销中心：（010）64523633
经　　销：全国新华书店
印　　刷：北京中石油彩色印刷有限责任公司

2024 年 10 月第 1 版　2024 年 12 月第 2 次印刷
710×1000 毫米　开本：1/16　印张：19.5
字数：260 千字

定价：70.00 元
（如出现印装质量问题，我社图书营销中心负责调换）
版权所有，翻印必究

《话说石油》

◆ **丛书编委会**

主　　　任：焦方正

副　主　任：孙龙德　江同文　匡立春　雷　平　李俊军　李国欣
　　　　　　何　骁　张少华

专家组组长：胡文瑞　刘　合　徐春明

编　　　委：（按姓氏笔画排序）
　　　　　　马广蛇　马新华　王　龙　王　彪　王一端　王少华
　　　　　　王同良　王志明　王俊亮　王雪松　文　龙　庄　涛
　　　　　　刘人和　刘植昌　闫建文　汤天知　孙兆辉　苏春梅
　　　　　　李　中　吴因业　汪海阁　沙　秋　宋　永　宋强功
　　　　　　宋新辉　张卫国　张功成　张红超　陈　宝　陈　雷
　　　　　　陈建军　陈湘球　苗　勇　苟　量　罗　凯　周德军
　　　　　　庞奇伟　郑　冰　孟祥海　赵　喆　赵　霞　赵红超
　　　　　　胡　杰　胡国艺　贾进华　徐凤银　郭进举　陶士振
　　　　　　曹晓宇　崔玉波　崔完生　章卫兵　梁筱筱　葛稚新
　　　　　　窦红波　熊　珍

审稿专家：（按姓氏笔画排序）
　　　　　　王　海　王大鹏　王利明　王晓梅　尹　竞　艾慕阳
　　　　　　刘　丰　许立昕　苏　青　李新民　杨　威　吴　奇
　　　　　　吴　莉　吴冠京　张　伟　张玉峰　张闻天　郑家伟
　　　　　　孟纯绪　赵振宇　胡森林　段　伟　宫　柯　党录瑞
　　　　　　唐大麟　崔　丽　康　剑　梁光川　颜　实　熊　英

《"油"来已久——漫话石油历史》

◆ 编 写 组

    张卫国 王志明 郑 冰 孙兆辉 章卫兵

审稿专家：（按姓氏笔画排序）

    王一端 闫建文 崔玉波 崔完生 梁光川

序

　　创新是引领发展的第一动力。2016年，习近平总书记提出创新发展的"两翼理论"，把科学普及放在与科技创新同等重要的位置，希望广大科技工作者以提高全民科学素养为己任，"在全社会推动形成讲科学、爱科学、学科学、用科学的良好氛围，使蕴藏在亿万人民中间的创新智慧充分释放、创新力量充分涌流"。

　　新时代新场景，做好科学普及、讲好科技创新故事、提高公民科学素质、厚植科学文化，既是建设世界科技强国的迫切需要，也是科学家、企业、社会组织等各界力量义不容辞的社会责任和历史使命。

　　历史波澜壮阔，油气熠熠生辉！人类利用石油已有逾千年的历史。美国人哈维·奥康诺所著《世界石油危机》中写道："德雷克在宾夕法尼亚西部钻掘而开创近代石油工业，近2000年前，聪明的中国人就已经在四川和陕西开掘了深达3500英尺的深井。"班固（公元32—92年）在《汉书·地理志》中记载："高奴，有洧水，可蘸。"

　　千年卓筒井，钻井活化石！四川大英卓筒井，被称为"世界石油钻井之父"。中华第一矿，梦溪续华章！1905年，延一井出油，中国现代陆上第一口油井诞生。大地沉睡亿万年，松基三井破云天！1959年，大庆油田横空出世。"五朵金花"次第开，中国炼油奠强基！1965年，中国石油产品实现了当时供给水平上的全部自给。春江潮水连海平，海上明月共潮生！2010年，"海上大庆"建成，半世纪美梦成真。磨刀石上闹革命，低渗透中铸丰碑！2013年，"西部大庆"建成，实现油气当量年产5000万吨。千万吨炼油百万吨乙烯，炼化一体化闪耀绽神州！2022年，中国成为世界第一大炼油国、第一大乙烯生产国。2023年，中国原油产量达2.08亿吨，世界排名第六；天然气产量达2300亿立方米，世界排名第四，全面跨入产油气大国。

讲好中国石油科技创新故事，是贯彻落实习近平总书记重要指示批示精神的具体举措。回望过往，我国石油工业发展史是一部艰苦奋斗史，也是一部石油精神、大庆精神铁人精神传承史，更是一部科技创新史。《话说石油》是一套大型石油科普史话丛书，通过讲好石油科技创新故事、弘扬石油精神和石油科学家精神，突出体现科技创新对石油工业发展的重大推进作用。丛书分为《"石化"实说——你已经离不开石油》《"油"来已久——漫话石油历史》《"油"然而生——脑海里的石油梦》《石破天惊——世界特大油气发现》《地宫掘金——唤醒地下沉睡的黑金》《利器在握——石油工程技术精粹》《人间奇迹——油气超级工程》《蓝海探宝——大闹龙宫夺油气》《点石成金——石油变身的魔法》《源源不断——能源秀场出新秀》十个分册，选取有代表性的人物和事件，用讲故事的方式，以图文＋音视频的形式展现石油科技历史，让社会公众在故事中了解石油、认知石油，从而热爱石油、传播石油知识、弘扬石油文化。

《话说石油》是一部壮丽的石油科技历史画卷。一部艰难创业史，几多科技新篇章。宁肯心血熬干，也要高产稳产，寄托科技梦想；无畏早生华发，引得油气欢唱，奏响盛世华章。《话说石油》也是一曲弘扬科学家精神的历史壮歌。以生动感人的石油科学家创新故事，诠释胸怀祖国、服务人民的爱国精神，勇攀高峰、敢为人先的创新精神，追求真理、严谨治学的求实精神，淡泊名利、潜心研究的奉献精神，集智攻关、团结协作的协同精神，甘为人梯、奖掖后学的育人精神。《话说石油》也是一部石油知识的百科全书。以故事为媒介，系统性地为社会大众提供全方位的石油知识，传承石油工业进步的智慧与力量，拓展知识视野和学习资源，促进石油工业多学科间的交叉与融合，为提高全民科学素养奠定坚实基础。《话说石油》更是一部多媒体全书。通过图书、动漫、视频、音频全媒体形式，以故事叙述为主线，围绕石油的某个主题领域讲科技、讲事件、讲热点，着重体现石油科技与人文的结合、与生产的结合、与社会生活的结合，其中，动漫、视频、音频既作为图书的富媒体，也独立成集，形式丰富，内容系统全面，形象、生动、直观、趣味横生、引人入胜。

　　掩卷沉思，精品难得！《话说石油》饱含石油院士和百余名专家学者的心血、智慧，凝结专业编辑团队的辛劳汗水。攀高山之巅，涉江河之源，方知高山之峻，江河之奇！希望广大读者，从中启迪心智、增加知识、开阔眼界、追溯历史、面向未来。我相信，本套丛书一定会为传播石油知识、弘扬石油精神贡献力量，发挥作用。

中国科学院资深院士（102岁）李德生

2024年10月17日

分册前言

为了贯彻落实习近平总书记关于科普工作的重要指示批示精神，2022年，中共中央办公厅、国务院办公厅印发《关于新时代进一步加强科学技术普及工作的意见》，明确提出：企业要积极开展科普活动，加大科普投入，把科普作为履行社会责任的重要内容。中国石油党组明确要求，要打造"科普中国石油"品牌，把科研成果和科技知识转化为深入浅出、通俗易懂的科普作品，讲好石油故事，普及石油知识，不断扩大社会影响和传播范围。为此，中国石油牵头组织石油行业相关领域院士专家，编写出版一套集图书、动漫、视频、音频为一体的科普史话系列丛书《话说石油》。这是中央企业积极开展科普活动，履行社会责任的生动实践，也是普及科技知识、弘扬科学精神、传播科学思想、倡导科学方法的创新活动。

《话说石油》共十个分册，《"油"来已久——漫话石油历史》是其中的第二个分册。本书立足于知识性、故事性和趣味性原则，在大量的历史资料中，挖掘具有代表性和故事性的人物和事件，从书籍、石油泉、科技、战争和经济五个不同角度，围绕与石油相关的故事娓娓道来，生动描绘了石油与人类文明交织的生动景象，引领读者深入探索石油的悠久历史与广泛影响。

翻开书卷，仿佛穿越千年时光，历史长河中石油的璀璨浪花跃然纸上。近千年前，与沈括在延河岸边的邂逅，便以"石油"之名载入《梦溪笔谈》；诸葛亮巧用竹筒集输、天然气煮盐大搞能源利用；李时珍搜集千方，探索石油的药用价值；杜甫、陆游、苏轼、王羲之等文人墨客思绪飞扬，谱写了关于油气的壮丽诗篇；中国"卓筒井"开创机械钻井的先河，千米燊海井登顶世界钻井技术高峰，"火井王"引领自流井气田开创能源新领域；西方学者李约瑟与东方科技跨越时空交流对话；中国近代石油工业的拓荒者，在"一滴油一滴血"的困局中，拨开"中国贫油论"的层层迷雾；洛克菲勒缔造了标准石油帝国，改变了世界经济格局。井冈山的清油灯与延安的煤油灯薪火相传，"埋头苦干"成为石油人代代相传的文化基因……

本书由张卫国策划，提出编写思路和总体框架结构。"石油'籍'忆"部分由孙兆辉、王志明编写，"石油泉的故事"部分由张卫国、章卫兵、孙兆辉编写，"石油与科技"和"石油与战争"部分由王志明编写，"石油与经济"部分由郑冰编写。全书由郑冰统稿。本书由王一端、闫建文、崔玉波、梁光川、崔完生等专家审稿。

本书在编写工作中，得到中国石油科技管理部、抚顺石化公司、西南石油大学、大英县文物管理所等有关部门、单位和院校的大力支持，在此一并表示感谢。

由于石油历史久远、史料浩繁，加之作者经验欠缺、水平有限，由此产生的记述不周、阐述不透等不足之处，敬请读者批评指正。

目录

石油"籍"忆 ·1

石油文脉源远流长。近千年前,我国北宋杰出科学家沈括在《梦溪笔谈》中为石油科学命名,"石油"这个名词从此登上世界科学殿堂。苏轼的《蜀盐说》叩问大地,道出"卓筒井"开创世界机械钻井先河。杜甫、陆游等文学家的思绪飞扬为后人留下了井盐和石油天然气的壮丽诗篇。鲁迅的《中国矿产志》成为"国民必读"著作,行走在祖国广袤大地上的地质拓荒者,正是鲁迅所推崇的"中国的脊梁"……

沈括《梦溪笔谈》与石油的千年邂逅 / 2

《博物志》中的神秘之火 / 9

诸葛亮打赢没有硝烟的"经济战" / 15

火井煮盐演绎诗和远方 / 18

苏轼《蜀盐说》道出石油钻井之祖 / 24

李时珍《本草纲目》中的石油药用 / 34

郭沫若翻译《煤油》和《石炭王》 / 38

地质家摇篮走出石油工业开山人 / 42

石油泉的故事 ·61

石油泉源源不断。美国泰特斯维尔石油泉,第一个揭开了石油资源面纱的"财富之泉"。当游客尽情享受巴库石油泉浴的时候,诺贝尔兄弟石油公司成为俄罗斯石油工业的王者。中国台湾省的苗栗油矿,孕育着中国近代石油工业的火种;玉门油泉开启中国石油工业先河;独山子油矿偏居祖国西北一隅,却是新疆近代工业的先驱……

台湾苗栗油矿孕育中国近代石油工业的火种　/62
玉门石油泉开中国石油工业先河　/69
独山子油矿:一山放出一山拦　/80
美国泰特斯维尔石油泉开启现代石油工业　/86
巴库油泉的血雨腥风　/96
古老波斯石油泉成就梦想　/108
加拿大石油泉开启矿产财富跨越式发展之路　/116
苏门答腊石油泉见证三代天才缔造荷兰石油帝国　/123

石油与科技　·131

　　石油科技攀登高峰。1835年，四川燊海井突破千米大关登上世界钻井技术高峰，随后"天下第一大火井"引领自流井气田开创能源新领域。李约瑟揭开世界石油钻井技术的神秘面纱，向人们讲述着一场西方学者和东方科技跨越时空交流对话的故事。美国人将东方的顿钻技术与西方的蒸汽机完美结合，诞生了近代石油工业……

千米燊海井登上世界钻井技术高峰　／132

火井王"引领自流井气田开创能源新领域　／139

德雷克用蒸汽机驱动顿钻诞生近代石油工业　／147

"变废为宝"与"商业运作"点亮万家灯火　／151

"石油波尔卡"催生从酒桶到油桶的蜕变　／155

"潮水管道"与洛克菲勒的生死之战　／157

土法上马的中国第一座炼油厂为抗战"输血"　／161

王进喜从"十斤娃"到"油娃"的华丽转身　／165

李约瑟揭开世界石油钻井技术源头的神秘面纱　／170

石油与战争 ·177

　　石油风云变幻莫测。古代军事家以石油作武器扭转战局,"希腊火"与"火烧赤壁"异曲同工。第二次世界大战期间,德国"蓝色行动"在"牛拉战车"的场景中走向尽头,日本人"挖树根"炼油上演"油尽灯枯"的结局。抗日的硝烟中,日本切断了中国几乎所有的国际通道,企图将中国置于能源匮乏的绝境,一场全国自上而下、"一滴油一滴血"的行动蓬勃展开……

"希腊火"配方上升最高国家机密　/178

突厥围攻酒泉玉门油大显神威　/181

借东风以油火攻助赤壁之战大捷　/184

日本偷袭珍珠港的遗憾与挖树根的无奈　/187

希特勒的"蓝色行动"烟消云散　/190

井冈山清油灯与延安煤油灯薪火相传　/195

翁文灏父子与"一滴油一滴血"的抗战　/203

孙越崎三次"跨越"铸就烽火人生路　/214

石油与经济　·235

　　石油经济风起云涌。洛克菲勒缔造了标准石油帝国,改变了世界经济格局。马泰单枪匹马挑战"七姊妹",成就"国家队"接连登上世界石油经济舞台。石油价格过山车般的波动如同蝴蝶效应,牵动着世界各国的经济神经。"红色资本家"雪中送炭到苏联,列宁与红色石油大亨结下了深厚的友谊……

　　洛克菲勒缔造标准石油王国　/236
　　捡贝壳的少年成就壳牌石油梦想　/257
　　美国与沙特阿拉伯联姻缔造石油帝国　/261
　　美孚倾销"洋油"无孔不入　/265
　　列宁与红色石油大亨的友谊　/269
　　"美国最富有的人"保罗·盖蒂　/274
　　马太单枪匹马大战"七姊妹"　/278
　　石油淘金热的幸运儿优尼科　/282
　　石油从一文不值到价格飙升　/286

参考文献　·290

"油"来已久
漫话石油历史

石油"籍"忆

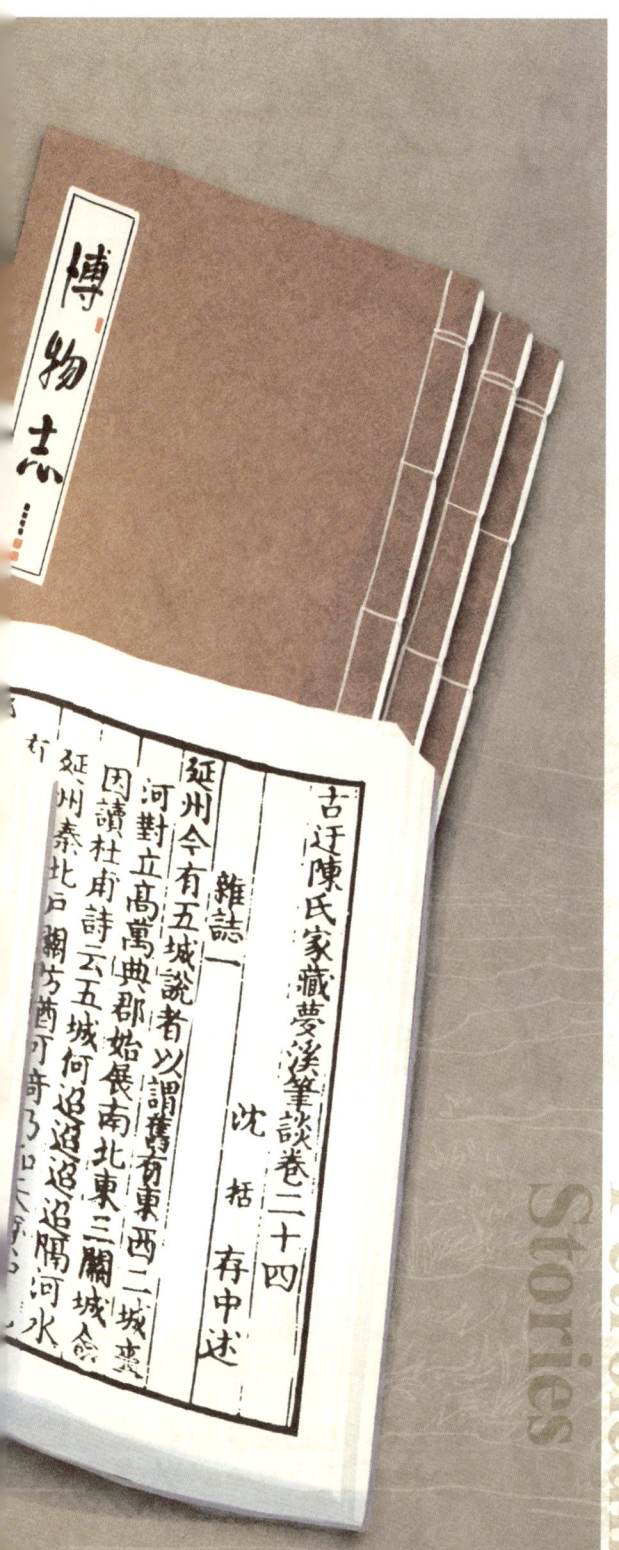

　　石油文脉源远流长。中国是世界上发现、开采和利用石油与天然气最早的国家之一,在历朝的地方志、史书、奏章等著述中屡有关于石油天然气产地、产状及开采与利用的记载。沈括在延河岸边的科学考察,《梦溪笔谈》与石油结下不解之缘;张华的《博物志》以及《汉代古火井碑序》中的记载,让今人知晓诸葛亮作为使"火转盛"的"天然气专家"一面,还有看到他利用火井煮盐完胜的一场经济战;杜甫、苏轼、陆游等文学家挑灯夜读的思绪飞扬,为后人留下了井盐和石油天然气的壮丽诗篇;鲁迅的《中国矿产志》则让后人知道了"更从实地广探察,施用锥指与斧痕"的地质拓荒者,正是鲁迅所推崇的"中国的脊梁"……

沈括《梦溪笔谈》与石油的千年邂逅

北宋盛世，科学家沈括（1031—1095年），以其广博的学识和深邃的洞察力，记录下了那个时代的科学与自然现象。他的著作《梦溪笔谈》，不仅是文学的瑰宝，更是科学的灯塔。在这部著作中，沈括对石油进行了命名和详细记载，这不仅是对石油认识的深化，也是中国古代科学技术史上的一次重大突破，为后世的石油研究奠定了基础。

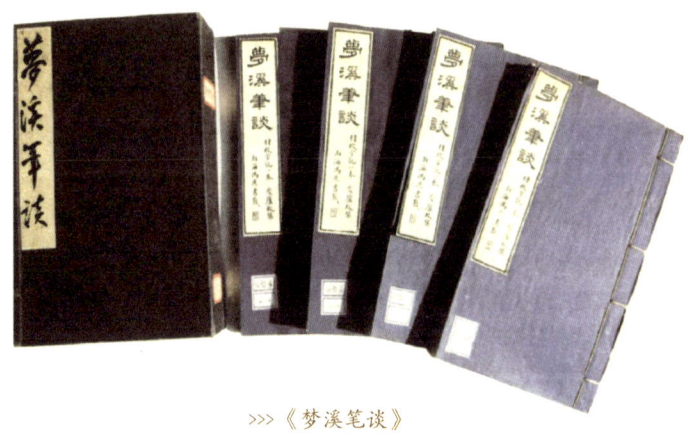

>>>《梦溪笔谈》

首次命名"石油"

我国是世界文明古国之一。石油作为一种自然资源，早已被中国古代先人发现和利用。东汉史学家班固（公元32—92年）所著《汉书·地理志》记载：高奴，有洧水，可𦶟❶。这是世界上最早记载有关石油的文字。据

---

❶ 高奴在今陕西省延长县一带；洧水是今延河的一条支流；𦶟是"然"的古字，燃烧的意思。

史料记载,从两千多年前的秦朝开始,我国古代人民就陆续在多个地区发现了石油和天然气,是世界上最早发现、利用石油和天然气的国家之一,而且在石油钻井、开采、集输、加工和石油地质调研等方面,都有一定建树。

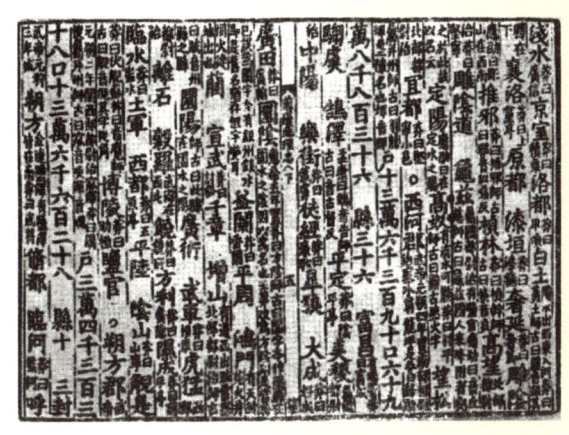

>>> 东汉班固著《汉书·地理志》
（据商务印书馆影印北宋景佑刊本）

历史上,石油曾被称为石漆、膏油、肥、石脂、脂水、可燃水等,直到沈括在世界史上第一次提出了"石油"这一科学的命名,并沿用至今。《梦溪笔谈》卷二十四记载了沈括在延州（今陕西省西安市）任知府时,对石油的考察和认识:"鄜（州）、延（州）境内有石油,旧说'高奴县出脂水',即此也。生于水际,沙石与泉水相杂,惘惘而出,土人以雉尾裹之,乃採入缶中,颇似淳漆,燃之如麻,但烟甚浓,所霑幄幕皆黑。" ❶

>>> 沈括雕像（章卫兵摄）

---

❶ "採"同"采";"霑"同"沾"。

>>> 北宋沈括著《梦溪笔谈》
（清翻刻汲古阁本）

随着时代的变迁和科技的发展，人们对石油的认识越来越深入。现代科学家发现，石油是由古生物遗骸在地下经过数百万年的地质变化形成的。沈括的命名和记载，为石油的现代探索提供了线索，也为后世对石油的开采和应用奠定了基础。

沈括踏遍延安，深入研究"石液"性状

沈括生于仕宦之家，从小便勤奋好学，十四岁就将家里丰富的藏书读了个遍。沈括自幼好奇心强，遇事总喜欢刨根问底，他背诵《大林寺桃花》诗和考察"胆水"的故事，至今被人津津乐道。作为考中进士的沈括，在官场生活近30年，在尽心国事的同时，秉承"读万卷书，行万里路"，广博学识，为他对科学的追求和著成《梦溪笔谈》奠定了深厚知识基础。

在沈括任职的延州，由于地质特点，许多地方油苗自然渗露到地面。这些不知名、不知用的黑色黏稠液体，激发了沈括探究其根本的浓厚兴趣。任职近三年时间里，沈括的身影几乎遍布了陕北的每一片土地，收集石油样本，记录石油的颜色、气味、产状等物理性质，试图把石油弄个明

白。一次实验中,他发现石油燃烧时与麻秆相似,产生的烟雾非常浓厚,能让帐篷和蚊幔变成黑色,便收集加工,最终制成"延川石液"墨块。沈括在文中写道:予疑其烟可用,试扫其煤以为墨,黑光如漆,松墨不及也,遂大为之,其识文为"延川石液"者是也。这是迄今石油作为原料制墨的最早记载。

>>> 沈括游历山川(何丽萍绘)

《梦溪笔谈》有关石油的记述：此物后必大行于世

实验证明石油之墨要远胜于松墨。大文豪苏轼在《书沈存中石墨》一文中，称赞其：质地坚重、色泽深黑，品质超过了松烟墨。沈括大胆预言石油：此物后必大行于世，自余始为之。盖石油至多，生于地中无穷，不若松木有时而竭。今齐、鲁间松林尽矣，渐至太行、京西、江南松山，大半皆童矣。造煤人盖未知石烟之利也。石炭烟亦大，墨人衣。为此，沈括曾戏作一首《延州诗》：

>>> 百姓捞油

　　二郎山下雪纷纷，旋卓穹庐学塞人。
　　化尽素衣冬未老，石烟多似洛阳尘。

>>> 延安有油渗出的地质剖面（文彩霞摄）

沈括发现了石油的用处，并预言这种物质将来大有用处，还提出了对环境生态的保护，这都发生在千年以前，实在是远见卓识。

科学记载的启示

《梦溪笔谈》是中国古代最重要的一部有关历史、文艺、科学的笔记类科学著作。《宋史》对其评价：博学善文，于天文、方志、律历、音乐、医药、卜算无所不通，皆有所论著。该书在世界文化史上有着重要的地位，被英国著名科学史专家李约瑟称之为"中国科学史上的里程碑"。

这部著作中，沈括不仅记录了自己的研究成果和见解，还广泛收集了当时的各种知识和信息，可以说是他一生学术和智慧的结晶，他也因此被誉为"百科全书式的科学家"，为后人留下了一部弥足珍贵的百科全书式的著作。

沈括能够做到如此全面的科学解释，都基于他深厚的科学底蕴，他掌握了包括石油在内的天文、历算、乐律等深邃理论。沈括对各种事物抱着浓厚兴趣，并且不是停留在道听途说和书本的记载里，而是喜欢亲自观察和研究事物。《梦溪笔谈》中，有很多是他亲自观察和做实验来证明事物真伪的记录。"石油"一词的命名和"延川石液"墨块的制成，都是在他实地考察和研究实验的结果。因此《梦溪笔谈》不但记叙了前人于科学知识上的真知灼见，又能指出了当中的缺失处，并且提出新颖的见解。

沈括的观察，虽然受限于当时的科技水平，但其敏锐的洞察力和科学精神，为石油的科学研究提供了宝贵的启示。

如果沈括能够穿越时空，来到现代，他一定会对石油的广泛应用和环境问题感到惊讶，石油的开采和使用也带来了环境问题。沈括在《梦溪笔谈》中对自然现象的观察，体现了他对环境保护的意识，提醒我们在利用石油的同时，也要关注环境保护，寻求可持续发展的途径。

沈括的《梦溪笔谈》不仅是一份宝贵的历史文献，更是一座连接古代与现代的桥梁。它让我们看到了一个古代学者对未知世界的探索精神，也让我们意识到了在利用自然资源时需要承担的责任。

【延伸阅读】

我国历史上石油名称的演变

历史朝代	当时石油的主要名称	所载文献
秦、汉	可燃水	《汉书》
三国、晋	石漆	《博物志》
南北朝	水肥	《水经注》
隋、唐	石脂水 黑香油 石漆	《元和郡县图志》 《大唐西域记》 《酉阳杂俎》
宋	石油 膏油 火油 猛火油 石脑油	《梦溪笔谈》 《武经总要》 《吴越备史》 《昨梦录》 《本草衍义》
元	石油	《元一统志》

注：引自《中国石油工业发展史》。

《博物志》中的神秘之火

中国古代，石油天然气的自燃现象引起人们的极大好奇。西晋张华（232—300年）的《博物志》中对其进行了详细记载，为后人研究古代石油天然气的发现与应用提供了史料。

张华是西晋著名政治家、文学家和藏书家，《博物志》被誉为中国第一部博物学著作。据东晋王嘉《拾遗记》称，此书原400卷，晋武帝司马炎嫌其内容有所失实、杂乱，令张华删定为10卷，分类记载了山川地理、飞禽走兽、人物传记、神话古史、神仙方术等，成为继《山海经》后，我国又一部包罗万象的奇书。

>>> 西晋张华著《博物志》

志怪中的神火

作为藏书家的张华，闲暇之余阅览了大量典籍。他认为，虽然过去的典籍记载都很完备，但由于时代的限制，有些内容并不够完善，便萌生了撰写一部全面、完备的博物类书籍的想法。张华通过多种渠道收集整理众多素材，因为内容"博物"，而称之为《博物志》。传说晋武帝颇为看重《博物志》，常置于身旁，闲时便翻阅。

《博物志》的内容较为庞杂，文字简短，可以说是较早的志怪小说。本书所载的奇闻逸事，如"东方朔偷桃""西使献香""续弦胶""千日酒""禹余粮""徐偃王始末"之类，颇富神话色彩。所记八月有人乘浮槎至天河见织女的传闻，是有关牛郎织女神话故事的原始资料。

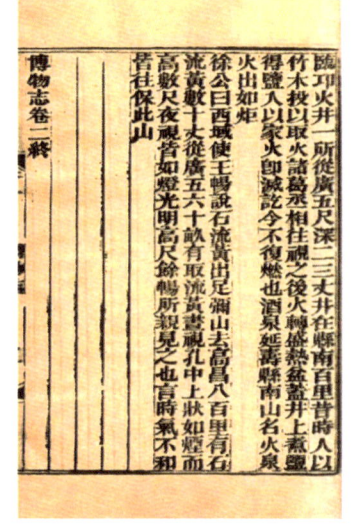

>>>《博物志》中关于火井的记载

书中对石油天然气也有记载："临邛火井一所，纵广五尺，深二三丈，井在县南百里。昔时人以竹木投以取火。诸葛丞相往视之，后火转盛热。盆盖井上，煮盐得盐。入以家火即灭。讫今不复燃也。"书中记述的是三国时期（220—280年）四川成都邛崃一带天然气的开采和使用情况，当时人们只是挖坑井采气利用，并称之为火井。书中还提到甘肃玉门一带有"石漆"，可作为车轴润滑油所用。另有记载"酒泉延寿县南山名火泉，火出如炬"有关油井情况。这些是人类能源利用史上光辉的篇章，它比英国1668年使用天然气的记载还要早。

神火的最初记载

天然气是蕴藏在地下的一种可燃气体，主要成分是甲烷，它和石油、煤炭一起构成当今世界能源的支柱产业。

古代典籍中，对天然气苗有许多确凿的记载，印证了我国是世界上最早发现和利用石油天然气的国家。东汉班固在《汉书·郊祀志》中记载："汉宣帝神爵元年，祠天封苑❶火井于鸿门"，《汉书·地理志》中

---

❶ 大封苑是汉代军马场的名称。

也有记载:"有天封苑火井祠,火从地中出"。北魏郦道元著《水经·河水注》中引东汉应劭《地理风俗记》云:"圁(yín)阴县五十里有鸿门亭天封苑火井庙,火从地中出"。❶火井是古人对具有燃烧现象的天然气井的称谓。

这些记载说明,我国最早发现天然气井应该在当今的陕西省神木市,但鸿门火井是自然形成的,并非人工开凿。由于当时人们的认知有限,对这种地下蹿出来的神秘之火,认为是神明显灵,非常敬畏,所以立祠祭祀。

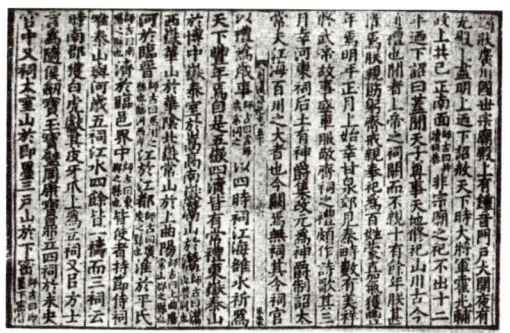
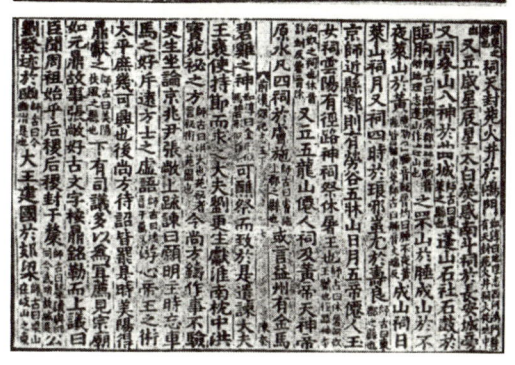

>>>《汉书·郊祀志》关于鸿门火井的记载
（据商务印书馆影印北宋景祐刊本）

生生不息的神火

据记载,四川是最早利用天然气煮盐的地方。早在东汉末,人们就在四川临邛开凿了第一口天然气井,并用以煮盐。最初,人们在火井镇发现地面有盐水浸出,于是竞相挖井熬盐,挖井越深,出盐越多。传说,一天深夜,电闪雷鸣,一道霹雳砸向一口深井,井中起火,火焰从井口呼呼蹿出、腾高数丈,盐井中可燃气体被发现。人们很快找到了卤水与天然气的分离方法,直接利用同一口井中之气点火熬盐。钻井开采天然气煮盐的情

---

❶ 圁阴、鸿门均位于今陕西省神木市与内蒙古自治区接壤处。

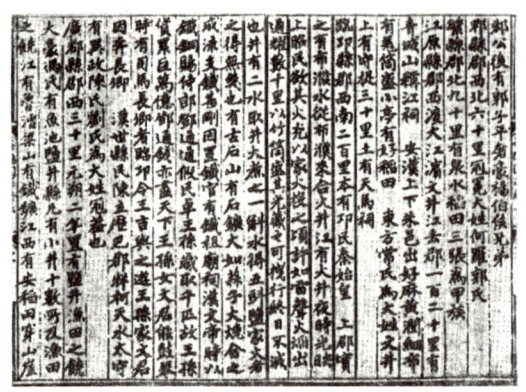

>>> 晋常璩著《华阳国志》
（上海涵芬楼据明钱谷手抄本影印）

景，晋朝常璩在《华阳国志》中详细记载：临邛"有火井，夜时光映上昭。民欲其火，先以家火投之，顷许如雷声，火焰出通耀数十里。以竹筒盛其光藏之可拽行，终日不灭也。井有二水，取井火煮之，一斛水得五斗盐，家火煮之得无几也。"

火井最初被发现时，人们仅认识其可燃性，但深二三丈的浅井气流很少，俗名草皮火。这种气流不能持续很久，当时还没有充分加以利用。当年，诸葛亮听说消息后亲自前往察看，指导人们用一块中心凿孔的石盘盖住井口，将竹管从石盘孔插进导出井内天然气，防止浪费或引发火灾。

>>> 汉代制盐画像砖

他指导人们用斑竹加工后一根根地衔接起来，做成竹制天然气管道。他还吩咐人们在火井周围筑灶，变井上煮盐为灶上煮盐，灶头多了，出盐量就大了。如此改进，当地盐产量迅速增长，火井镇也随之进入鼎盛时期。这正是张华

>>> 古火井广场的"诸葛亮视察火井"浮雕

在《博物志》中关于诸葛亮在当地考察天然气利用的记载。为纪念诸葛亮考察火井，在《汉代古火井碑序》中写道：诸葛丞相躬莅视察，改进技法，刳斑竹以导气，引井火以煮盐，置锅灶达数十，更盈利逾万千。

>>> 当地人用汉砖重建的"汉代古火井"（引自临邛博物馆）

[延伸阅读]

盐的重要性

在古代,盐是"百味之祖""食肴之将""白色之珍""国之大宝"。食盐是人们生活和维持生命不可缺少的基本物质。盐税也是历代封建王朝财政来源的重要"支柱",攸关国计民生之大事。正因如此,历朝历代的统治者们才牢牢控制盐业,严格实行食盐专卖。为此,作为开发井盐生产的钻采技术以及火井煮盐的发明和发展,自然就与社会的关系十分密切了。

诸葛亮打赢没有硝烟的"经济战"

盐在百姓生活中扮演的重要角色,特殊时期更是被提升到战略高度。

诸葛亮不仅是一位使"火转盛"的"天然气专家",更利用火井煮盐打赢了一场没有硝烟的"经济战"。这并不是一个神话故事,而是海盐与井盐之间的战略经济斗争。

东汉末年,诸葛亮走马上任后的"三把大火",奠定了三国鼎立的局势。孙权、刘备两家,一方占据了长江下游的江东(东吴),一方盘踞在长江中上游的四川(蜀汉),共同对付北方的强敌——曹操。然而,除了军事上的同盟关系,吴蜀两国贸易较少。四川地处腹地,远离大海,交通不便,在那个军事割据的年代,扬州的海盐难以运到川中。

经历夷陵之战,刘备 223 年 6 月病逝于白帝城。临终前,对起兵伐吴懊悔不已。此后,在诸葛亮的积极努力下,孙刘两家的第二次联盟得以确立。

为表示对联盟关系的祝贺,同盟国往往会互派使节表示祝贺。蜀国派去了郑芝,并带去了当时四川的特产——蜀锦。孙权哪里见过这般奇幻的蜀锦,饱满的花形与精美的丝丝雨条状图案展现在眼前,让他眼花缭乱、目瞪口呆。甚为欢喜之余,思忖着礼尚往来,以何回赠之事。他想:海盐被视为"国之大宝",

>>> 何丽萍绘

恰好江东盛产海盐，给缺盐的蜀汉送盐岂不是"锦上添花"。其此举看似友好，孙权还别有他意，就是妄图以盐牵制蜀汉。蜀汉地区由于地理条件限制，海盐资源相对匮乏。赠盐，一方面展示东吴的富饶和实力，另一方面也在试探蜀汉食盐资源状况和经济实力。于是，孙权派回访官员张温，携带两担海盐晃晃悠悠地上路了。

张温一行来到蜀国，在欢迎宴会上依仗酒意，盛气凌人，肆意奚落蜀国无盐。

诸葛亮没有正面批驳，笑而不答，只是当着张温的面，召见了临邛县令秦宓。秦宓上前复命道："丞相，三千担盐，我已运抵皇城成都。"这时，诸葛亮大声命令拨出二百担盐送到张温的船上，然后转头向张温道："让你们吴国的君臣们尝尝我们蜀国盐的滋味吧。"

张温一阵哈哈大笑："你们蜀国哪儿来的盐？笑话！"

诸葛亮羽扇一摇，示意秦宓作答。

秦宓自豪地说："我们蜀国有的是苦卤水，不就能熬成盐吗？"

张温反问："蜀国多雨雾，阳光又不足，即使有卤水，又怎能成盐呢？"

秦宓也反问："阳光不足，不能用火煮煎吗？"

张温反唇相讥："蜀国沿江的树林，火烧连营七百里，已灰飞烟灭了，哪来这么多木柴烧煎全国用的食盐？"

这时，诸葛亮阻止了两人的争辩，摇一摇羽扇道："木柴有何用！我们蜀汉是正宗皇室，受到地下火神相助也！"

言毕，吩咐秦宓道："你就陪张大使到你县里去走一走，看一看吧！"

于是，秦宓陪同张温参观了临邛火井。只见盐场里热气腾腾，一口口大锅依次摆开,锅内的卤水滚滚地开着,锅下面烈火熊熊,却不见柴火,而仅有几根管子。张温十分好奇,忍不住问道:"那是什么?"秦宓告诉他:"那是地底下冒出的可以燃烧的气,叫做地气,这套工艺叫做火井煮盐。"

东吴本想利用盐来牵制蜀汉,却没料到诸葛亮利用火井煮盐的方式圆满解决了四川人民食盐的问题,也给予东吴有力的反击。

>>> 盐篓子实物图(章卫兵摄于卓筒井陈列馆)

火井煮盐演绎诗和远方

>>> 杜甫雕像

杜甫（字子美，712—770年）饱尝人生颠沛流离之苦，依然体察人间冷暖的济世情怀在《盐井》诗中表现得淋漓尽致。

卤中草木白，青者官盐烟。
官作既有程，煮盐烟在川。
汲井岁榾榾，出车日连连。
自公斗三百，转致斛六千。
君子慎止足，小人苦喧阗。
我何良叹嗟，物理固自然。

755年，"安史之乱"爆发，国破家亡，杜甫在辗转中，经甘肃入川，并在四川漂泊了八九年。他在过秦州时见到了井盐生产的繁忙景象，这首诗就是当时他的所见所感。唐代钻盐井还是用人工挖大口径的井，用辘轳起土。当时挖一口数十米深的井就需要一年多时间。盐井昼夜不息地生产，盐工们汲卤、煮盐、运盐……年复一年地辛勤劳作。盐工甚苦凄楚的呻吟，官员盐商的高利盘剥，引发了诗人对盐民生活状态的极大关注，不由得发出悲愤的叹息！

杜甫入川后不久,四川北部的松州战火烽起,引起他对松州火井的关注,并作《西山三首》:

> 辛苦三城戍,长防万里秋。
> 烟尘侵火井,雨雪闭松州。
> 风动将军幕,天寒使者裘。
> 漫山贼营垒,回首得无忧。

诗中提到的火井就是天然气井。诗里行间,战火硝烟侵袭着火井,冬日雨雪封闭的三座城池已失去生气。古人常以火井燃烧表示国家的兴旺,火井封闭暗示国家的灾难。

其实,杜甫之前也有许多文学家特别关注井盐与天然气,凿井取卤和火井煮盐的奇特工艺,独具一格的生产情景,辛苦交织的盐工生活,同样牵动着他们的情思。"古井咸泉",掀起诗人笔底波澜;"地火深情",激发诗人长歌短吟。

西汉文学家扬雄(公元前53—公元18年)在《蜀都赋》记载故乡有"铜梁、金堂;火井、龙湫",被他称为四川的重要名迹,可见火井非常奇

>>> 扬雄雕像

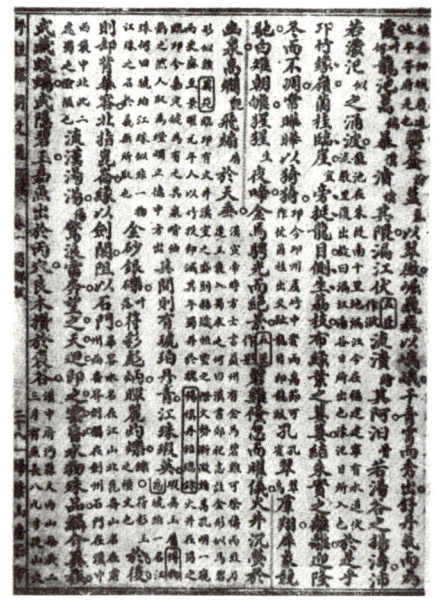

>>> 西晋左思著《蜀都赋》
（清乾隆于光华编《评注昭明文选》，上海扫叶山房石印）

特。此时期诗赋中多见火而少见盐，当是浅层天然气自溢出或开凿盐井时连带泄出，盐民取用之熬盐，引起广泛关注，因而多有入诗赋。

西晋的文学家左思（约250—305年）也曾写赋吟诵四川的天然气井。他在《蜀都赋》描绘了蜀都火井奇特绚丽的景象："火井沉荧于幽泉，高焰飞煽于天垂。"意思是说：在那幽深的井泉之中，有火光荧荧；由它燃起的大火高烟，照亮了天空。

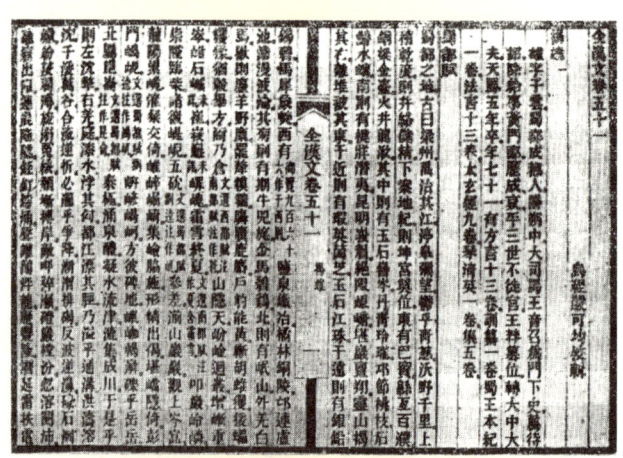

>>> 西汉扬雄著《蜀都赋》（明嘉靖严可均辑《全汉文》，清光绪二十年黄冈王毓藻校刊本）

左思是山东临淄人,他为了写《蜀都赋》,特移居到洛阳,访问熟悉蜀地的人。他在家里处处都安放纸笔,偶然得到一两句,就赶紧记下来,这样一点一滴地辛勤积累,费了十多年的时间才得以完成。作品问世,豪富人家争相传抄,"洛阳纸贵"的典故即由此而来。当时影响之大,可以想见。

东晋文学家郭璞(276—324年)《盐池赋》中记载:"饴戎见轸于西邻,火井擅奇乎巴濮。"这也是描写四川天然气井奇特景象的佳句。

>>> 西晋郭璞著《盐池赋》
(清光绪黄冈王毓藻校刊本北京图书馆藏书)

与郭璞同时代的文学家、书法家王羲之(321—379年或303—361年),对四川的天然气火井仰慕神往。他曾经急不可待地给四川的朋友写信询问:"彼盐井、火井皆有不?足下目见不?为欲广异闻,具示。"从这几行雄劲潇洒的字迹中,足以感受到王羲之激情似火的心境。

南宋著名爱国诗人陆游(1125—1210年),与杜甫的境遇十分相似,平生难酬壮志,过着郁闷忧愤的生活。陆游视杜甫为偶像,然而他与杜甫在油灯下所作《茅屋为秋风所破歌》时的忧患心情却截然不同。

祖国的大好河山、劳动人民的勤劳智慧滋养着陆游的心田,他饱含爱国热情投身到火热的生活之中。

>>> 东晋王羲之《盐井帖》

他曾于淳熙元年（1174年）自蜀州（崇庆）调往荣州（荣县），"摄理州事"共72天，写下数十首诗词。当时的荣州井盐生产已很繁盛，并成为四川井盐的著名产地。

陆游特别关注盐业生产技术的进步，用诗的语言，第一次描写了荣州卓筒井的形制技术、生产状况和优点。《入荣州境》诗是认识南宋自贡地区盐业生产和地域社会面貌的一首重要作品。

> 一起一伏黄茅岗，崔嵬破丘狐兔藏。
> 炯炯寒日清无光，单单终日行羊肠。
> 村落聚看如惊獐，亦有银钗伏短墙。
> 黄旗翻翻鼓其镗，画角呜咽吹斜阳。
> 长筒吸井熬雪霜，辘轳咿哑官道傍。
> 渺然孤城天一方，传者或云古夜郎。
> 其民简朴士甚良，千里郁为诗书乡。
> 闭合扫地焚清香，老人处处是道场。

荣州是卓筒井的发祥地之一，陆游任职荣州时，这种盐井已遍布全州。诗人一到荣州，便以"长筒吸井熬雪霜，辘轳咿哑官道傍"诗眼勾勒出一幅卓筒井生产图景：筒长井深，熬盐不止；井架高耸，运转不息；所产食盐质地纯洁，如雪似霜。特别指出荣州虽地处僻远，盐业生产却促进了地方的繁荣和文化的昌盛。陆游后来在其《老学庵笔记》中载："蜀食井盐，如仙井大宁犹是大穴，若荣州则井绝小，仅容一竹筒，真海眼也。"说明其《入荣州境》诗所写荣州的盐井，就是北宋庆历、皇祐年间创始的卓筒井。

今人皆知陆游感人肺腑的《钗头凤》和气壮山河的《示儿》诗篇。岂不知他对石油、天然气也有着浓厚的兴趣。他在《老学庵笔记》中说：

"烛出延安,予在南郑数见之,其坚如石,照席极明,亦有泪如蜡,而烟浓。"并引用了同期文人宋白的诗句"但喜明如蜡,何嫌色似黳(yi,漆黑色)"的诗句,以发感叹。

>>> 宋陆游著《老学庵笔记》
（1936年商务印书馆出版,王云五主编本）

据史载和生产实践证明,地下卤水、天然气及石油资源三者常为共生关系。一井掘成,或卤、或气、或油、或其中二三者均见,是常有的事。本是同根生,相融何其极。经历爱恨情仇,相生相克,终于炉火纯青般的结晶——盐,就这样降生了。

挑灯夜读的思绪飞扬与天然气煮海蒸云的奇情异景,令多少文人墨客为后人留下了井盐和石油天然气的美好诗篇,同时也留下了有价值的人文史料。在"灯火相传"、卤水与地火的交融中,演绎着诗与远方,激荡起石油文脉上的璀璨辉煌,在中华农耕文明的浩瀚海洋中,绽放出工业文明的朵朵浪花……

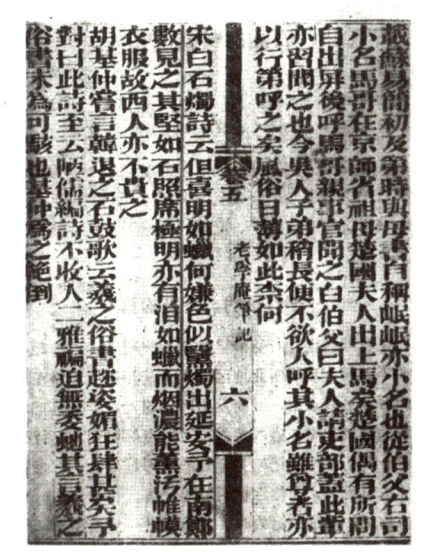

>>> 宋陆游著《老学庵笔记》
（清光绪三年湖北崇文书局刊本）

苏轼《蜀盐说》道出石油钻井之祖

1989年，加拿大温哥华国际钻井技术研讨会上，中外学者就古代钻井技术发明权上演了一场"争夺战"。

欧美专家捷足先登，称其钻井技术有两百多年的历史；苏联专家毫不谦让，称其已有三百多年的历史……各国专家都称自己国家钻井技术的历史悠久。正在大家争论不休之时，我国清华大学教授白广美捧着几本古籍闪亮登场。

白广美捧出的是宋代苏轼著《蜀盐说》、文同著《丹渊集》、沈括著《梦溪笔谈》、欧阳修等修著的《新唐书》、明代宋应星著《天工开物》，唐代李吉甫著《元和郡县图志》等史籍，从书中记载的内容翔实可靠，证明了中国人最早发明了卓筒井（小口径钻井技术）。面对凿凿之言，各国专家学者无不为之惊叹，中国的卓筒小井问世居然比西方早了近千年！

震惊之余还尚有遗憾，虽有史证，但缺少实物和具体数据，仍然受到外国同行的质疑。只有取得实物资料，如古井遗址、生产工具等"实证"，才能弥补文献记载的不足、深化对卓筒井的研究。

带着遗憾，白广美教授忧心忡忡地回到祖国。茫茫大地，卓筒井又在何方？虽然感觉希望渺茫，但信念使然，纵使踏遍千山万水，也要找到这些"实物档案"！

无巧不成书，时值四川修盐务志，亦在寻找卓筒小井史料。白广美遂委托西南石油学院的学子组队寻找卓筒井遗址。然而，寻遗岂是易事，尽管历时半年,足迹遍布四川各地,但考察队仍然一无所获。就在考察队伍准备鸣金收兵之时,驾驶员自出心裁,调整路线从蓬乐路返程,经过大英乡吴家桥村垭口时,发现一老农在一大竹丫架(晒盐架)旁的圆盘水车内原地踏步,送水入天船。

>>> 晒盐坝(大英县文物管理所供图)

考察队队员们十分好奇,纷纷围拢询问老农在做什么?老农告诉他们自己在晒盐卤水。真是踏破铁鞋无觅处,得来全不费工夫。队员惊喜地追问:"这卤水是从哪里来的?"老农向自家山脚边菜地指了指。队员们顺着老农的指点,穿过一片竹林,竟见一个碗口粗的井口孤零零地立在那里,仿佛是一位风烛残年的老人。"宋代卓筒小井还活着!"队员们惊喜若狂地喊道。

而此刻村民才知道这看似平常的汲卤小井竟是传世珍宝。众人纷纷聚拢过来,大家七嘴八舌地议论起来。

>>> 卓筒井大顺灶老井井口
(大英县文物管理所供图)

在众人的纷纷议论中，考察队发现，揭开中国井盐开发序幕的竟是著名水利专家李冰。从春秋战国时期，李冰父子入蜀治水，发现了地下盐卤，打下蜀中第一口"广都盐井"，开始了取卤煎盐。

至北宋庆历年间，人们开挖大口径盐井采取地下盐卤已经历时1000多年，而这时，由于盐卤的不断开采，水位不断下降，盐业产量也日渐萎缩。

知识链接

李冰主蜀

四川井盐始于李冰主蜀。李冰入蜀后，修造都江堰，开拓了四川农耕水利。他又引进陕西寻脉凿井熬盐技术，指导蜀人生产井盐，成为四川井盐生产的肇始。李冰不仅是四川农耕文明划时代的推创者，也是四川工业文明划时代的推创者，故四川盐工盐民均奉他为川主，广设"川主庙"祀之。

>>> 李冰挖井
（章卫兵摄于卓筒井陈列馆）

而这时，四川长江县（现大英县）官府盐场为了多出盐，逼盐工深挖盐井。越挖到深处越缺少氧气，人也容易缺氧窒息而亡，且容易造成大口井塌方。卓家庄（现卓筒井镇）的盐工死伤惨重，幸存的盐工也逃回了家乡。他们要生存，却买不起一天比一天价钱高涨的盐，便私下偷凿了碗口大、便于掩藏的小口盐井，这就是后来的卓筒井。考察队看到的便是大英乡吴家桥村的万和灶、旭东灶等三眼小口盐井。

这一消息震惊中外！川北蓬溪县大英乡境内的卓筒井，乃是北宋卓筒井的遗存，堪称蜀中和神州大地上的一绝。大英乡卓筒井世代沿袭，持续近千年，生产不断。其凿井、汲卤、煎盐生产工艺，保持了宋代卓筒井的基本形态和主要特点，与苏轼、文同等名家所记述的北宋卓筒井相同。

元丰七年（1084年），苏轼在四川遂宁看到"凿地植竹"这一奇异景象。

苏轼在《蜀盐说》里这样描述卓筒井的开掘和采盐过程：

"自庆历、皇祐以来，蜀始创筒井，用圜刃凿，如碗大，深者数十丈，以巨竹去节，牝牡相衔为井，以隔横入淡水，则咸泉自上，又以竹之差小者，出入井中为桶，无底而窍其上，悬熟皮数寸，出入水中，气自呼吸而启闭之。一筒致水数斗。凡筒井皆用机械，利之所在，人无不知。"

出生四川眉州竹乡的苏轼一向酷爱竹子，他曾作诗《於潜僧绿筠轩》：

宁可食无肉，不可居无竹。
无肉令人瘦，无竹令人俗。
人瘦尚可肥，士俗不可医。
旁人笑此言，似高还似痴。
若对此君仍大嚼，世间哪有扬州鹤。

因此，当他看到世界上还有这种"凿地植竹"的现象时，简直欣喜若狂。

>>>《四川盐法志》初开井口图（清光绪八年丁宝桢编著本）

>>>《四川盐法志》下石圈图（清光绪八年丁宝桢编著本）

>>>《四川盐法志》钻井图（清光绪八年丁宝桢编著本）

>>>《四川盐法志》制木竹图（清光绪八年丁宝桢编著本）

>>> 《四川盐法志》下木竹图（清光绪八年丁宝桢编著本）

>>> 《四川盐法志》锉小口图（清光绪八年丁宝桢编著本）

苏轼面对"凿地植竹"生发出的奇思妙想变成了活生生的现实,更令他肃然起敬。他"胸有成竹",把卓筒井的科学原理逐一记录下来,归纳为六点。

第一,井径小,一般"如碗大",仅容一筒,10至20厘米。第二,用了先进的"圜刃"钻头(即新发明的冲击式钻头),钻捣井底岩石,使井不断加深,直到设计井深为止。第三,先打出上部大井(径)段,随即巨竹去节,"牝牡相衔(公母榫连接)",下入井内作表层套管,以"隔横入淡水",便于推汲咸卤(水),有利生产和延长盐井的使用寿命。第四,发明了取泥和汲卤的竹制容器,即小于表层套管内径的用楠竹制作的汲筒,筒底悬熟皮作单向阀,十分巧妙地将井内泥砂或卤水汲入筒内,然后从井底提升到地面,成功地解决了深井钻凿取泥砂和生产汲卤的重大技术关键。第五,钻井或生产时都用了机械,获取事半功倍的效果,

《丹渊集》中的卓筒井

北宋著名画家、诗人文同对卓筒井也颇为关注,他在《丹渊集》中记载的:"自庆历以来,始因土人凿地植竹为之'卓筒井'。"文同所说的"植竹"就是将竹制套管从井口沿着井壁直放井底,其作用便是固井和横隔淡水,形成生产和修治井通道。这里的"卓"便是现代汉语词典中解释的"高而直"的意思。

>>> 北宋文同著《丹渊集》

"凡卓筒皆用机械,利之所在,人无不知"。第六,卓筒工艺发明的年代,是在庆历、皇祐年间(1041—1054年),根据"圜刃"钻头的考证,其结构不复杂,容易制作;钻井工艺先进,操作方便;材质简单,如铁、木、竹等材质可就地索取;钻井工具(包括地面设施)轻便,易于搬运,既适合丘陵和平原,又适合山区。基于上述优点,卓筒工艺得以迅速传播、推广和应用。

如今,苏轼描绘的卓筒井分布于四川省大英县卓筒井镇九个村落,现有18灶245口老井(列入全国重点文物保护单位的有9灶41眼井),占地约14平方千米。

>>> 中国古代钻井工具实物(章卫兵摄于卓筒井陈列馆)

人类第一次用机械取代了人工挖掘应用于卓筒井,揭开了人类用机械钻井方法开采地下深处矿产资源的序幕。"凿地植竹"历经千年,是祖先们的智慧结晶和力量展现,被科技史学家李约瑟誉为"中国文化中最壮观的应用"。

  知识链接

卓筒井三大基本程序

卓筒井以其工艺技术主要特点和成就,开创了现代深井(如盐井、油气井)的雏形,它包含了现代钻井三大基本程序(或称三大基本要素):圜刃钻头破碎岩石、泥筒取出井内的岩砂(岩屑)、下木竹套管固井保全井壁。这种用碓架子套圜刃形钻头、以冲击式方法向地下深处开凿的盐井,是人类始创的小口径钻井技术,比西方国家早七百多年,开西方绳式顿钻钻井技术的先河,揭开了人类向地下深处探寻宝藏的序幕。

李时珍《本草纲目》中的石油药用

我国人民发现和认识石油的医药功用,已有1300多年的历史。据唐代史学家李延寿著的《北史》记载:我国西北新疆库车地区,有大量的石油出露地面,人们不仅将其采集起来点灯,而且还研制了它的医疗用途。石油"状如饧饧,甚臭。服之,发齿已落者,能令更生,疠人服之皆愈"。同时,石油还能杀虫"治六畜疥癣"。《元一统志》卷四云:陕北宜君一带井中的石油"汲水澄而取之,气虽臭而味可疗驼马羊牛疥癣"。将石油入药的代表人物之一就是李时珍。

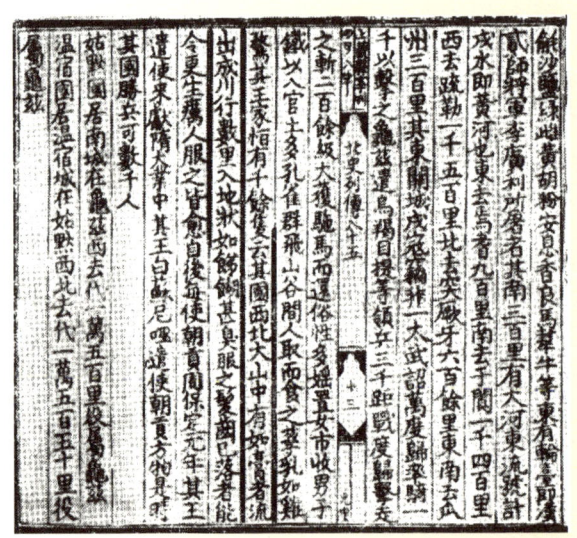

>>> 唐李延寿著《北史》
(上海涵芬楼影印北京图书馆藏元大德刻本)

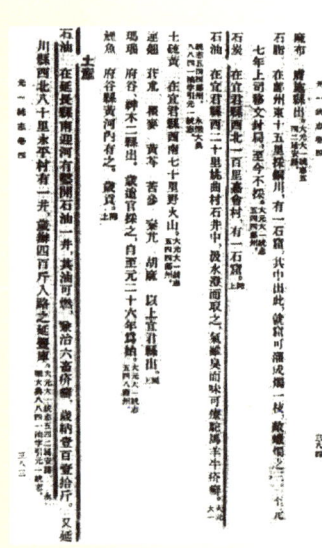

>>> 元孛兰肹等撰《元一统志》
(1966年中华书局出版
赵万里校辑本)

明代杰出药物学家、医学家李时珍（1518—1593年），在"尝遍百草"的过程中发现了石油的药用价值。

李时珍是中国历史上最著名的医生之一，被誉为"医中之圣"。他把"望闻问切"的中医看病方法也用到了大自然的"身上"。从1552年开始，他经常头戴斗笠，身背竹筐，足迹遍布湖北、湖南、江西、江苏、安徽、四川、河南等地，一边考察，一边行医。他到处走访医生、农民、渔者和猎人，收集民间治病的验方、土方，把"经史百家、俚谚民谣、稗官野史"中的零碎资料，收集整理，加以综合分类判别。他还进深山入老林采药，对花草果木、鸟兽鱼虫和铅锡硫汞石油等众多植物、动物和矿物药材，实地对照，辨认真伪。

一日，他走到一山间小溪处，一股臭味扑鼻而来。顺着气味寻觅而去，发现沙石和溪水间，缓慢流出黑色的黏稠之物。他俯下身去，用手捧起仔细端详，喜出望外：这不正是点灯用的石油吗？为了证实石油可能具有矿物药材的属性，他收集了一些带回住所，对石油的性能和治病的疗效进行了观察、研究，并进行了药理分析，提出了新的药用见解。

与此同时，李时珍在研读沈括《梦溪笔谈》、张华《博物志》、段成式《酉阳杂俎》、康誉之《昨梦录》等著述的过程中，深入了解石油开发利用的来龙去脉，对其产地、形态、气味、用途等，逐一记载，了然于胸，并与雄黄、硫黄、石脂等药材对比，得出"源脉相通"的认识。

经过长期的理论研究与艰苦的实践，李时珍在前人经验的基础上，对石油提出了新的药用见解，记载在《本草纲目》的金石篇中。

《本草纲目》是李时珍尝遍百草，查阅800多种有关书籍，耗尽27年心血后，于1578年完成初稿，后10年又经过三次修改而成的医学著作，是我国古代最伟大的一部药学巨著。英国著名生物学家达尔文称赞这部书是"中国古代的百科全书"。全书近190万字，分为16部、60类。囊括药物 1892 种,共附药方 11096 首!《本草纲目》的金石类,堪称 16 世纪中国矿物知识的大全,最早引起西方学者关注。书中记载了有关矿物性药物多达 276 种,石油药物就是其中的一种。书中记载:

"石油气味与雄硫同,故杀虫治疮。其性走窜,诸器皆渗;唯瓷器、琉璃不漏。故钱乙治小儿惊热、膈实、呕吐、痰涎,银液丸中用。和水银、轻粉、龙脑、蝎尾、白附子诸药为丸,不但取其化痰,亦取其有透经络、走关窍也。"

"主治小儿惊风、化涎,可和请药做丸散,涂疮癣虫癞,治铁箭入肉,药中用之。"

>>> 明李时珍著《本草纲目》

明代,石油被称为雄黄油、硫磺油、泥油。李时珍在《本草纲目》中称为石脑油,可能与其形状有关。"石脑油"一词目前在我国仍广泛使用,但词义与李时珍所指的不同。今天,人们称从石油中分离出来的一种石油馏分(沸程 60~150℃)为"石脑油",它是现代石油化工最重要的原料之一。

《本草纲目》不仅对医药学的研究有重要价值，而且对化学、生物学、矿物学、冶金学、地质学和物候学等多种学科也具有重要的价值和作用。例如，书中关于制药流程的记载，包括蒸馏、蒸发、升华、风化、沉淀、干燥等物理和化学的反应方法，对从事石油化工的人员都具有启示作用。

　　《本草纲目》中有关石油的药方与现代人渐行渐远，可是李时珍"观察和实验，分类和比较，分析与综合，批判继承，历史考证"的科学家精神永远也不过时。正如研究李时珍的专家唐明邦教授所说："李时珍对后世的影响，除了医学、药学、博物学等方面，还突出地表现在他的坚韧不拔、勇于探索的创造精神，实事求是、一丝不苟的科学态度，救死扶伤、与人为善的高尚医德，这些方面都给人以深刻印象，树立了学习的典范。《本草纲目》对后世医学发展的影响是无可估量的。"

郭沫若翻译《煤油》和《石炭王》

郭沫若曾经在一首诗中写道:"一滴煤油,一珠血,人都知道。旧时代,因循苟且,叩头乞讨。命运全凭天摆布,咽喉一任人掐倒……"这首诗与他翻译的《煤油》和《石炭王》主题有异曲同工之妙。

20世纪初,随着工业化的快速发展,石油和煤炭成为推动社会进步的重要能源。然而,这种进步背后隐藏着对环境的破坏、对工人的剥削以及资本家的贪婪。由郭沫若翻译的美国作家厄普顿·辛克莱聚焦能源领域的作品《煤油》和《石炭王》深刻地揭示了这些问题。

知识链接

厄普顿·辛克莱

厄普顿·辛克莱(1878—1968年),美国著名的作家和社会活动家。他先后在纽约市立学院和哥伦比亚大学读书,边求学边工作,15岁开始给一些通俗出版物写文章。他1902年加入社会党,积极参加政治活动,曾深入工厂对劳工情况进行调查,且怀着一颗愤世嫉俗的心,主张社会变革,揭露社会的黑暗面。辛克莱以长篇小说《屠场》登上文坛,之后一直孜孜以求,共著有小说和社会研究著作80余部,并被译成50多种语言,在20世纪20—30年代译介到中国就有20多部,其《煤油》(Oil)和《石炭王》(King Coal)分别于1927年和1917年出版,与《屠场》一起,被誉为辛克莱三巨著,是他优秀作品的代表。

《煤油》背景作者设定在一战和苏俄革命时期,深入描绘了20世纪初美国石油工业的复杂面貌,通过丰富的人物和复杂的情节,展现了石油大亨们的生活、社会变革以及政治腐败。该作品通过兔宝的视角，展现了石油工业的兴起和工人阶级的斗争，见证了他的父亲在石油开采和产业管理中逐渐积累了巨额财富，但同时也伴随着工人的死亡和油井事故。作为石油大亨的独子，兔宝在保罗的启蒙下，逐渐接触到了左翼思想，并加入了社会主义者和平权运动学生的行列。

小说详细描绘了石油工业的运作机制，以及资本家们如何操纵市场、剥削工人和破坏环境。有人评价该书：内容非常复杂与伟大，有爱情事件的穿插，有劳苦群众的斗争，有资本家庭的压迫，且背景是世界，而其描写方面尤为深刻动人，结构是宏大绵密，波澜是层出不穷，力量是排山倒海。

《石炭王》则是展现了20世纪初美国煤炭王国的一幅画面，一方面是专利机构无法无天恣肆横行，另一方面是煤矿工人前仆后继的英勇斗争。该书通过主人公哈里·冈的经历，讲述了一个资本家的儿子如何放弃继承家业，选择成为一名矿工，并逐渐倾向革命的故事。小说详细描绘了矿工们在极其恶劣的工作条件下的生活，以及资本家们为了追求利润而不择手段的冷酷行为，深刻揭露了美国煤炭工业的内幕。

作者辛克莱是一位经历过两次世界大战、阅历十分丰富的作家，他始终坚持进步的观点，大胆地揭露时弊，因而，他的作品赢得了社会各界的赞赏，在全球被译成50多种语言800多种不同的版本，成为一名饮誉全球的小说家。

译者郭沫若（1892—1978年），中国现代著名诗人、剧作家、考古学家，他在文学翻译方面也有很高的成就。郭沫若（用笔名）将这两部作品翻译成中文，《石炭王》于1928年由上海乐群书店出版，《煤油》由上海光华书局1930年印行。

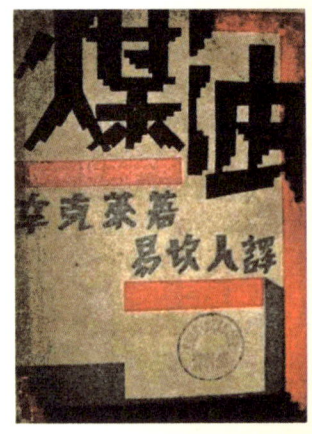  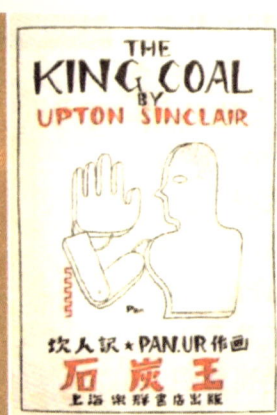

>>>《煤油》　　　　　　　>>>《石炭王》（上海乐群书店1928年初版）

　　1928年郭沫若因参加不被政府认可的革命进步活动，被迫流亡日本，并有警察严密监视其行动。或许正是因为这样的缘故，他被辛克莱用血汗、呻吟和眼泪写成的小说《石炭王》《屠场》和《煤油》所深深打动，觉得自己从不曾读过这样有力量的作品。虽然他在辛克莱的作品中，找不到苏俄新兴作家作品中那些尖锐意识，不过对资本主义的罪恶，"他勇敢地暴露了，强有力地暴露了……全线地暴露了，这是这位作者最有光辉的一面。"因而他将三部小说翻译成中文，在三年内先后出版。他的翻译工作不仅是语言的转换，更是对原作精神的传达，让众多中国读者深受启发，在当时中国引起很大社会反响。

　　1930年11月1日出版的《读书月刊》创刊号上，就有《煤油》的介绍："煤油，说起来谁都知道这是帝国主义经济的根本生产之一，这部名著就在暴露帝国主义争夺煤油生产以及煤油产地之资本剥削的黑幕，同时就在暴露帝国主义的丑恶，在暴露着建筑在这种丑恶上的政治法律宗教教育等机构的丑恶。"现代书局对《石炭王》的评语是："（辛）克莱氏是美国新兴文学的前卫作家，本书是尽了他暴露能事的最高著作。"

那个年代，企盼社会变革的中国读者，喜欢读辛克莱的社会问题作品。1934 年，莱昂曾委托国立北平图书馆的袁同礼，统计了当年该馆读者阅读的各国文学译作，结果显示，美国作品中辛克莱的三部小说《波士顿》《屠场》和《煤油》借阅最多。著名学者季羡林在 1932 年 11 月 28 日的《大公报·文学副刊》上也说："辛克莱乃美国所谓普罗作家中最享盛名者，所著《石炭王》《屠场》，经郭沫若译为中文，一时销行极广。"

当时的中国，这样的翻译作品被视为进步文学的代表，尽管郭沫若以化名出现，但是由于内容是同情工人和揭露资本主义的罪恶，显然有违当时的禁律。根据 1932 年 11 月国民党中央宣传部公布的《宣传品审查标准》中，《石炭王》和《屠场》被列入 1934 年 2 月国民党当局查禁的 149 种图书中，其所罗织的罪名是"意在暴露矿业方面的资本主义的榨取与残酷"以及"极力煽动阶级斗争"。《煤油》出版后不久，国民党当局即以该书"描写技巧甚为高妙，颇富煽动魔力，且所写主角，就是后来成为共产党的保罗"为由，饬令邮检所扣留该书。

尽管被当局查禁，但它的影响力并未因此减弱。随着抗日战争的爆发，出版审查的宽松使得两部作品得以再版，继续影响着更多的读者。

《煤油》和《石炭王》不仅是辛克莱文学成就的体现，更是对工业化时代能源问题的深刻反思。郭沫若的翻译为中西方文化交流搭建了桥梁，能够跨越语言和文化的障碍，影响更广泛的读者群体。当今世界，我们仍然面临着工业化带来的环境和社会挑战，工业化进程中不应忽视人的价值和环境的保护，至今仍然具有重要的现实意义和启发作用。

地质家摇篮走出石油工业开山人

地质学登上历史舞台成为中国现代科学的一颗闪亮的明星，始于20世纪初创办的中国地质调查所和研究所。在中国第一代现代科学家铸造的梦幻般的摇篮里，培育出中国地质界的中坚力量。地质家们拨开"中国贫油论"的层层迷雾，在"一滴油一滴血"的困局中，挺起脊梁、不屈不挠、上下求索，充满着凤凰涅槃般的苦难和辉煌，成为中国近代石油工业的拓荒者。

中国的脊梁

鲁迅最初的梦想并不是文学，而是立志寻求祖国的矿藏。

1927年4月8日，鲁迅受邀为黄埔军校学员作题为《革命时代的文学》的演讲。他开门见山地说：

"诸君所以来邀我，大约是因为我曾经做过几篇小说，是文学家，要从我这里听文学。其实我并不是的，并不懂什么。我首先正经学习的是开矿……"

鲁迅的这番话令学员们大吃一惊。原来，他们敬仰的文学家竟然还是一位地质家，而且还是中国最早地质论文著述者之一。

1898年，17岁的鲁迅怀着振兴中华的理想前往南京，考取了南京江南水师学堂，并依"百年树人"之义改名为周树人。次年，又改入江南陆师学堂附设的矿务铁路学堂，学习矿业和地质。

鲁迅的地质世界里,三叶虫也活跃起来,泥土、岩石、泉水、溶洞、高山与平原、陆地与海洋,一次次沉降和崛起都充满辉煌的苦难和美妙绝伦的悲壮——鲁迅感受到来自远古地质信息的快乐与激情。

然而,理想很丰满,现实很骨感。父亲患重病促使鲁迅决定放弃找矿梦想转而学医。但他始终没有放弃钟爱的地质事业。鲁迅赴日本留学学医期间,于1903年10月在《浙江潮》上发表了《中国地质略论》。1906年与学友顾琅共同编写了《中国矿产志》一书,这部在中国地质学史上占有重要位置的书籍被清政府学部批准为"国民必读"之书和"中学堂参考书"。

>>>《中国地质略论》刊于《浙江潮》月刊

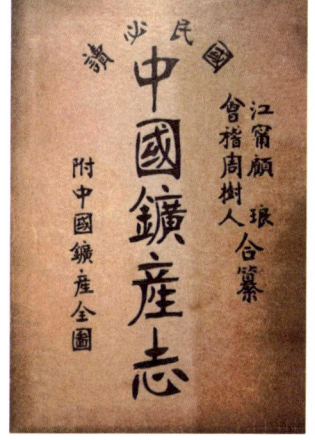

>>>《中国矿产志》

在这些著述中,鲁迅敏锐地洞察到德国地质地貌学家李希霍芬7次旅行我国内地,搜集地质、矿产等资料,回国后撰有《中国——亲身旅行和据此所作研究的结果》和地图一本,并大加赞誉中国的别有用心。鲁迅清醒地意识到猪羊被屠夫赞为肥美意味着什么!

正如鲁迅先生所断言,日本的狼子野心更是昭然若揭。矿产资源的极度匮乏,成为其发动侵华战争的重要原因之一。日本探查中国资源简直是一场举国运动,从军方到民间,从商人到学者,莫不将资源探查服务于侵略战争。日本的"以战养战"政策,从我国掠夺了包括煤、铁、铜、金、石油等大量的资源,并源源不断地运往日本,以维持其战争机器的运转。然而,日本战争机器最终摆脱不了油尽灯枯的结局。

鲁迅"弃医从文"人尽皆知。他发现医学虽然可以医治人的身体,却无法唤醒人的灵魂。鲁迅以笔为枪,抨击旧社会的丑恶,"医治"一些中国人麻木的"病痛",被誉为"民族魂"。

鲁迅说:"我们从古以来,就有埋头苦干的人,有拼命硬干的人,有为民请命的人,有舍身求法的人,……这就是中国的脊梁。"行走在祖国广袤的大地上,"更从实地广探察,施用锥指与斧痕"的地质人,不正是"中国的脊梁"吗?

"荒野上的大师"

>>> 地质研究所师生野外实习时的合影
（左五翁文灏,左六章鸿钊）

1912年,中国南京临时政府实业部设立地质科,科长章鸿钊,中国第一个政府地质行政管理机构诞生;1913年,中国地质研究所和地质调查所成立,丁文江任两所所长。中国诞生第一个现代科学研究单位。影响巨大的"三驾马车"跑出了民国时期中国最具世界影响力的科研机构。他们与1928年兼任中央研究院地质研究所所长的李四光成为中国地质事业的奠基者。

地质调查所旧址在北京市西城区兵马司胡同9号（现改为15号），这个最终以文物保护单位名义存活下来的普通胡同小院里，装载着一段中国现代科学的发生史，承载着"名副其实地享有中国第一个科研机构的声誉"（蔡元培）。

丁文江（字在君）是与鲁迅同年到达日本留学的，不过他在一年后便前往英国留学。他被李希霍芬《中国——亲身旅行和据

>>> 地质调查所

>>> 中国邮政发行的纪念丁文江的邮票

此所作研究的成果》一书中"中国读书人专好坐室内，不肯劳动身体，所以他种科学有可能在中国发展，但要中国人自己做地质调查，则希望甚少"的言论极大刺激。丁文江所看到，在近代中国的大地上，到处都是外国人的身影，许多人标榜着科学的名义，但绝非是科学的目的。丁文江誓言要用坚实的脚步丈量深爱的国土。丁文江在教书育人的同时，带领学生"登山必到顶峰，移动必须步行"，担斧入山，披荆斩棘，开创了中国

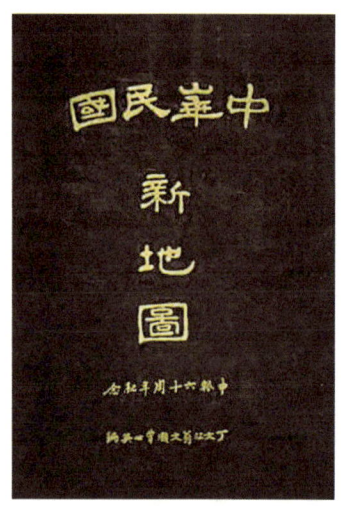

>>> 丁文江、翁文灏、曾世英编纂的《中华民国新地图》

人进行系统野外地质和地质填图的开端。1936年,丁文江到湖南谭家山勘察煤矿,亲自下到矿洞开展调研工作。舟车劳顿,又加之工作辛苦,丁文江感染了风寒,于旅馆中休养时又不幸煤气中毒。医生做人工呼吸进行急救时,因连续按压,不慎压断了他的一根肋骨,刺穿了胸膜,过了几天才发现。1936年1月5日,时任中央研究院总干事的丁文江逝世,享年49岁。一手建立起中国现代科学的创始人以这样的方式撒手人寰。

>>> 1914年,丁文江(右一)在云南省路南县测绘地图,与彝族向导合影

翁文灏（字咏霓）留学归国后，拒绝了高薪的钢铁公司总工程师职位，加入地质调查所，承担了大部分教学工作。他也成为丁文江终身最亲密的同事和朋友之一。

丁文江当年煤气中毒后，翁文灏曾赶赴长沙，想要救治丁文江，可惜为时已晚。

翁文灏每当想起曾经为自己准备后事的"生死之交"丁文江走在了前头，以身殉职，简直痛不欲生，曾作诗深切怀念：

>>> 翁文灏

后世长游客，追踪先进人。
按年探旅迹，读记长精神。
同履西南险，深明岩洞真。
登临看物质，攀涉越嶙峋。
盘水传闻误，江源考订辛。
痛心遭变乱，矢志渡沉沦。
学识超尘俗，忠奸不淆泯。
至今重诵读，历久尚长新。"

翁文灏也曾有过与"死神"擦肩而过的经历。1934年2月16日，他在深入浙江长兴考察油气构造的路上，不幸发生车祸，头颅塌陷昏厥过去，生命陷入垂危。

当时，丁文江正在协和医院养病，闻讯后痛哭着与医生争执，执意前往杭州。他反复念叨着："咏霓这样一个人才，是死不得的。"丁文江强撑病体，着手为他筹备后事，并打算收养他的幼子。

>>> 翁文灏伤愈后

翁文灏的伤势震动了中国学术界，甚至惊动了蒋介石。两年前，翁文灏曾应邀到庐山为蒋介石讲学，建议国家发展工业，蒋介石深以为然，极力邀请他兼任军事委员会国防计划委员会秘书长。听说翁文灏出事了，蒋介石下令，不惜一切代价全力抢救。

七十多天后，翁文灏终于死里逃生，但从此面容留下明显缺陷——额头有一块塌陷的颅骨。这是为石油事业留下的永久伤痕，更是为中国地质调查事业奠定的一块基石。

噩耗曾接踵而至，地质家赵亚曾、许德佑、陈康、马以思（女）在云贵高原调查时惨遭土匪杀害——他们为祖国的地质事业以身殉职，献出了年轻的生命。

纵有千难万险，甚至付出生命的代价，也无法阻挡地质家们求索科学与真理的脚步，这是一群打着绷带的师生，以丁文江、翁文灏、章鸿钊为代表的中国地质界先驱，一面努力培养专业人才，一面坚持不懈地进行田野考察、调查矿藏、勘探石油和煤矿、挖掘恐龙骨架和各种古脊椎动物化石、发掘史前文明遗址。无论是在地质学、地震学、土壤学，还是古生物学、人类学等领域，都堪称成就卓著。

>>> 翁文灏著《地震》（商务印书馆）

>>> 1931年裴文中（左）、翁文灏（中）、法国专家步日耶（右）在北京周口店

1916年，地质研究所有十八人成绩合格，获得毕业证书，这就是中国地质学界的"十八罗汉"的来历。以谢家荣、王竹泉、叶良辅、李学清等人为代表的"十八罗汉"，也被悉数网罗进地质调查所，取得了当时世界公认的优秀地质调查成果。多年后，他们主持着中国最重要的地质学机构，包括中央研究院地质研究所，以及北京大学、中央大学、中山大学的地质系。

>>> 1916年，农商部地质研究所教员和部分毕业生合影（第一排左起：翁文灏、章鸿钊、丁文江）

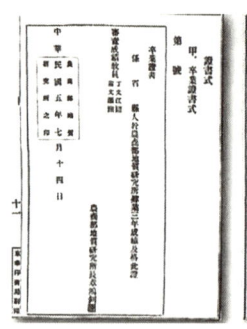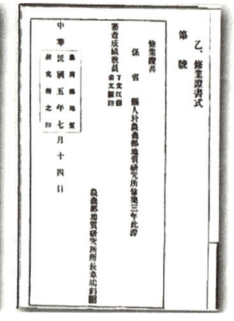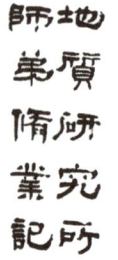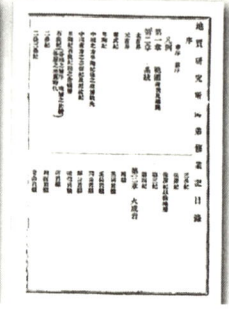

>>> 地质研究所毕业证和修业证书样式（刊于《农商部地质研究所一览》）

地质学也由此成为一种"母科学"，在20世纪早期的中国延伸出古生物学、岩石学、地层学、地理学，以及地震、地球物理、燃料石油、土壤乃至考古学、人类学等不同领域的研究，他们都成为这些领域的拓荒人。1949年后，曾在地质调查所工作过的百余位科学家中，就有48位先后当选中国科学院、中国工程院院士。

石油拓荒者

知识链接

新生代

新生代（距今6500万年，Cenozoic Era）是地球历史上最新的一个地质时代。随着恐龙的灭绝，中生代结束，新生代开始。新生代以哺乳动物和被子植物的高度繁盛为特征，由于生物界逐渐呈现了现代的面貌，故名新生代，即现代生物的时代。

石油就像煤、铁、铜、金等产于地壳中的矿藏一样，它无非是以一种流体形态赋存于地下岩石中。它经历了数百万年甚至几亿年的演化过程，伴随着"自我爆发革命"的地质变迁，经历一次次沉降和崛起，经历地壳表层不停地互相撕裂、挤压、揉搓、碰撞而导致构造的变化，最后储存在圈闭中。

中国石油地质科学的拓荒者们，就如同地质上的"新生代"，他们从1913年至1949年，从北洋政府到国民政府，从"北伐"到"中原大战"，从"九一八事变"到"七七事变"，在国家不断裂变的时局火缝里，在"中国贫油论"的迷雾中，上下而求索。

中国新生代的地质学家们是孙中山先生实业救国思想的最坚定践行者。孙中山提出：发展实业，乃振兴中华之本。由于"无矿业则机器无从成立，如无机器则近代工业……亦无发达"，全面开采煤、铁、石油、有色金属等矿藏资源成为当世之急。

>>> 谢家荣在扬子江野外进行地质调查

在《实业计划》中，孙中山专门以《油矿》为题，呼吁调查开采石油资源，发展民族石油工业，并筹划中国石油工业的宏伟蓝图。

"中国亦以富于煤油出产国见称也，四川、甘肃、新疆、陕西等省已发现有油源，虽其分量之多寡，尚未能确实作调查。而中国有此矿产，不能开采以为自用，以至由外国入口之煤油、汽油等年年增加，未免可惜……"。

恰与中国地质调查所和中国地质研究所成立之初几乎同一时期，1914年，北洋政府曾与美国美孚石油公司签订合同，合作勘探开发陕北石油。美孚石油公司兴冲冲地派出地质、钻探人员并携带装备来到陕北，期望一锹挖个金娃娃。他们钻了7口井，没有获得工业油流，于1916年撤回全部勘探人员，进而终止合同。扫兴而归的美方地质师阿世德撰写了

《陕西地质最后报告》指出:"陕西省经一年半之详细视察,开凿钻井七处……至于大量石油,恐其未必能有。"于是,把局部的勘探结果推论到整个中国的石油前景,断言中国的陆相地层和海相地层都不可能生产大量石油的舆论,给本来十分落后的中国石油工业,又蒙上了一层悲观的阴影。"中国贫油论"犹如紧箍咒一样禁锢住许多中国人的思维空间,又如同一顶沉重的帽子压得人们喘不过来气来。

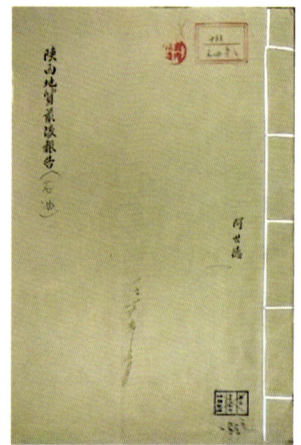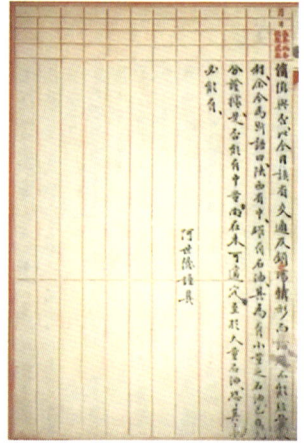

>>>《陕西地质最后报告》

知识链接

埃克森美孚公司

美孚石油,全称埃克森美孚公司(Exxon Mobil Corporation),世界上最大的上市石油和石化企业之一。其前身为1863年在美国成立的炼油厂。创始人为约翰·戴维森·洛克菲勒。现任董事长兼首席执行官为达伦·伍兹。1870年,洛克菲勒将其炼油厂改制为股份公司(标准石油公司,简称标准石油)。1882年,标准石油托拉斯成立,为美国第一家行业垄断性的石油托拉斯。1911年,标准石油公司被拆散成34个独立的公司。其中,新泽西标准石油公司(埃克森前身)继承了原集团46%的资产。1972年,新泽西标准石油公司正式更名为埃克森公司。1999年,埃克森公司和美孚公司合并成立埃克森美孚公司。

挺直腰杆的中国地质家首先向"中国贫油论"提出挑战。翁文灏于1919年写成《中国矿产志略》一文，他在这篇文章里肯定在中生界陆相地层中含有石油、天然气。1936年又发表《中国的燃料问题》，提出陆上生油的命题。

1928年，李四光在《燃料的问题》一文中指出："美孚的失败，并不能证明中国没有油田可办。中国西北方出油的希望虽然最大，然而还有许多地方并非没有希望。热河据说

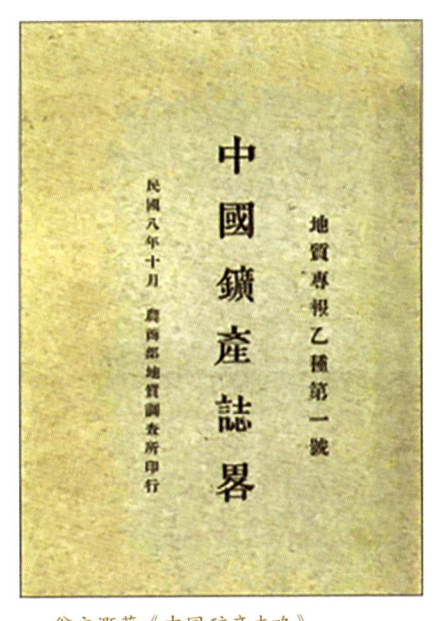

>>> 翁文灏著《中国矿产志略》

也有油苗，四川的大平原也值得好好地研究，和四川赤盆地质上类似的地域也不少，都值得一番考察。"1935年，李四光在英国讲学期间，又暗示我国东部有望找到石油。

1923—1933年，中国地质调查所分别4次派王竹泉、潘钟祥、谢家荣等人赴陕北进行地质调查。他们根据采集的化石资料，更正了美孚石油公司在地层划分上的错误，在永坪村西南等地发现了明显的背斜构造，测制了延长地区1∶500井位分布图，并写成《陕北油田地质》一文，刊于1933年《地质汇报》第20号，为陕北油矿发展奠定了基础。

抗战爆发以后，液体燃料成为最重要也最紧缺的物资。翁文灏远见卓识，未雨绸缪，很早就认识到石油将成为未来工业的重要能源。早在1921年他到甘肃调查研究地震之时，交给陪同自己的得意门生谢家荣一项任务，前往玉门调查石油地质。玉门自古以来就有不少关于石油的记载，他希望

谢家荣就当地是否有丰富的石油资源、是否值得开采等作出判断。

初秋时节,谢家荣取道西宁,越过祁连山,沿着河西走廊,出嘉峪关,前往玉门。他是首位跨越祁连山的中国地质家。

抵达玉门后,谢家荣在悬崖和峡谷间辗转,只遇到三个满身污秽的挖油人和一群淘金者。后来,他在深谷中迷了路。山路边不时会出现小小的石堆,显然是当地人留下来指路用的,但它们究竟暗示着什么,他完全不清楚。所幸,一个放羊的人发现了他,带着他走了十几里路,终于走出深谷。

经过一番艰苦的调查,谢家荣完成了中国第一篇石油调查报告《甘肃玉门石油报告》,根据当地的地层和地质特点,他认为,这里应当蕴藏着丰富的石油,呼吁政府勘探开采。他还强调,提前进行科学勘察与规划,可以让开采计划事半功倍。"从前探油,盲人瞎马,无标识之可寻,往往虚费金钱,毫无所得,今则凡辟一新油田,须经无数地质家之考察,然后从事施工。"可是四分五裂、军阀混战,中国哪还有精力关注地下的事。但地质调查所一直也没有放弃努力。

谢家荣于1930年发表论著《石油》,成为中国学者自己撰写的最早的石油科学专著。谢家荣认为:"延长官井产油已十余年,而未曾钻探之处尚多,倘能依据地质学原理,更作精密探查,未必无获得佳油之希望,故一隅之失败,殊不能定全局之命运耳"。1935年他在《地理学报》上发表《中国之石油》,着重讨论了四川、陕西含油盆地

>>> 谢家荣著《石油》

的远景,对西部地区的石油勘探提出建议。

潘钟祥是根据4次去陕北的石油地质调查和1935年去四川的石油地质调查,获得的比较系统的实际资料,于1941年在美国石油地质家协会杂志上发表了《中国陕北和四川白垩系陆相生油》的论文,明确提出陆相生油的观点。

>>> 1942年12月,赴新疆地质调查队主要成员(左起:程裕琪、黄汲清、翁文波、杨钟健、卞美年)

1943年，黄汲清根据甘肃、青海、新疆天山南北的地质调查，正式提出"陆相地层生油论"和"多期多层生油论"。"多期多层生油论"是指大型含油盆地一般总具有好几个不同时代的含油地层，这是黄汲清后来提出的"多旋回成矿论"的雏形。

【延伸阅读】

陆相生油理论的形成与发展

在西方，石油多生成在海相地层中，因此国外的石油地质家推崇海相生油理论是很自然的事。但是，"唯海相才能生油，陆相沉积难以形成大油田"的观点，并以此判断中国不会有大油田，就未必合乎实际。

人类发现和利用油气，可以追溯到几千年前，但用近代科学技术理论发展石油天然气工业，只是100多年以来的事。在早期，比较发达的苏、美西方学者，根据各自在海相地层中的勘探实践，提出了海相生油的理论。

早在20世纪20—40年代，我国老一辈地质家翁文灏、李四光、谢家荣、潘钟祥、黄汲清、王竹泉、张人鉴、阮维周、孙健初、翁文波等对陕西、甘肃、新疆、四川等地的大量地质考察都曾提出陆相生油问题。在延长和玉门找到陆相油田就是明证。

具有中国特色的陆相生油理论，是在我国油气勘探的丰富实践中发展起来的。50年代末，在松辽盆地发现了特大型油田——大庆油田，原油产自白垩纪陆相储层，大庆油田的发现，雄辩地证明了陆相地层生油不仅是可能的，而且可以形成大规模的油气聚集，形成中型、大型乃至特大型油气田。这一实践也促进了陆相生油理论的发展。（引自《中国油气勘探》）

1935年4月，孙健初踏上祁连山山脉时，才真正感受到切肤之痛。不是冰雪的寒冷，而是来自心灵刺痛的感应。

祁连山是我国西北屏障，塞上要冲，且矿产丰富，号称"万宝山"。然而19世纪末，外国人以各种名目接踵沓至，英国斯坦因测绘祁连山地形时，竟将一条山脉冠以"李希霍芬山脉"之名。孙健初气愤地说：祁连山是我们中国的山，竟让外人勘测后而始见知于世，乃我之惭愧。他下决心勘测祁连山，发掘祁连山宝藏为民造福。

孙健初和周宗浚踏草原、跨峡谷、穿森林、翻山越岭，有日月星辰形影相随，有北斗七星指路，有炒面伴雪水充饥解渴；有时与风雪为伴，有时与野兽为伍；一路遭遇各种艰难险阻，采集标本，测绘地质图，调查了祁连山多处金矿、煤矿、森林、冰川。孙健初撰写的《祁连山一带地质史纲要》等三篇重要论著，使中国地质界为之一振。

更加为之振奋的是孙健初两度考察玉门后得出的结论。第一次是1937年3月，他与美国地质学家韦勒博士和萨顿工程师一起组成西北地质矿产试探队前往玉门考察。孙健初认为"这里是煤油将来之希望"。他迫不及待地给资源委员会主任委员翁文灏写了一封信，希望早日钻探。

>>> 孙健初、韦勒、萨顿合影

话说石油 PETROLEUM STORIES

1938年12月,孙健初接受去玉门详察的任务,他和严爽、靳锡庚等人骑着骆驼,向老君庙出发。踏着丝绸之路,披着大漠长风,荒漠旷野,驼铃悠悠,冰天雪地,刺骨寒风,忍着饥渴,艰难前行。终于经过47个日日夜夜,孙健初完成了地质调查任务,提出钻井探油的具体计划,定出钻井井位。1939年8月11日,甘肃玉门老君庙第一口油井钻获日产原油10吨左右的工业油流,中国第一个采用现代技术开发的陆相油田——"中国石油工业的摇篮"诞生。

>>> 玉门三杰画像(左起:孙健初、靳锡庚、严爽)
(陆其清绘)

1950年，孙健初被任命为西北军政委员会财政经济委员会委员、中国地质工作计划指导委员会委员、全国石油管理总局探勘处处长。1952年11月，孙健初因煤气中毒离世，年仅55岁。1954年7月24日，孙健初纪念碑于玉门油田矿区中心落成，镶嵌有孙健初遗像的纪念碑与祁连雪峰遥相守望。

>>> 孙健初

1975年9月7日，孙健初家乡濮阳县境内的濮参1井在钻探过程中喷出工业油流，从此拉开了中原油田勘探开发会战的序幕。

石油地质家们在极其艰难的条件下，如同当代"普罗米修斯"，怀揣抗日救国、实业救国、科学救国的坚定信念，冲破藩篱，在唯海相生油论氛围笼罩下，通过艰苦卓绝的实地调查，提出了陆相生油的观点，指导石油工作者锲而不舍地进行石油钻探，从而使中国这个在印支构造运动后陆相沉积广泛分布的国土上，勘探石油天然气的前景蔚为壮观。这也为1959年发现的大庆油田所证实。

"油"来已久
漫话石油历史

石油泉的故事

　　石油泉是地下油气宝藏的信使，也是打开财富的密钥，更是石油工业发展初期找油的捷径。她抛出"绣球"，等待睿智、勇敢的有缘人揭开地下巨大油气财富的神秘面纱。美国宾夕法尼亚西部的泰特斯维尔石油泉，无疑是世界上第一个揭开石油资源面纱的"财富之泉"；当游客尽情享受巴库石油泉浴的时候，诺贝尔兄弟石油公司成为俄罗斯石油工业的王者；加拿大安大略省黑溪镇的石油泉，也曾经上演过纷繁复杂的石油之争；中国台湾苗栗油矿，一个名不见传的地方却孕育着中国近代石油工业的火种；玉门油泉开中国石油工业先河，玉门油田也成为"中国石油工业的摇篮"；"百年老店"的独山子油矿，虽偏居祖国西北一隅，却是新疆近代工业的先驱……

台湾苗栗油矿孕育中国近代石油工业的火种

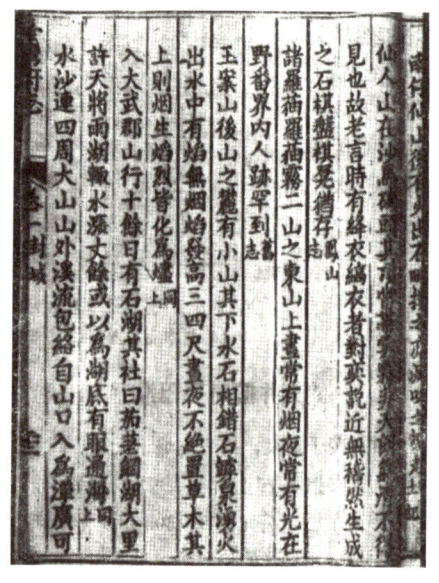

>>> 清范咸撰《台湾府志》
（清乾隆十二年刻本）

19世纪末的中国，一场关于能源的革命正在悄然发生。台湾的苗栗，一个名不见传的地方却孕育着中国近代石油工业的火种。1878年，这里成功钻出中国近代第一口油井，开启了中国第一座近代油矿建设。这口井是中国第一口机械钻凿油井，也是近代亚洲第一口、世界第二口油井。在这里还签订了我国石油工业史上同外国的第一个合同，并诞生了中国第一个油矿管理机构——矿油局，成为中国近代石油工业开端的标志。从此，苗栗也因油矿而名扬中外。

发现油泉

我国台湾地区在古代就有关于发现天然气苗的记载，《台湾府志》记载："玉案山后山之麓有小山，其下水石相错，石罅泉涌，火出水中，有焰无烟，焰发高三四尺，昼夜不绝。置草木其上则烟生焰烈，皆化为烬。"

苗栗出磺坑，位于县城东南约 14 千米的公馆乡和大湖乡的交界处，距离公馆街区东南方约 5 千米，海拔 180～200 米。原称硫磺窟，因后垄溪水中涌出黄色油，误以为是硫磺，所以俗称出磺坑。出磺坑历史上属于淡水厅，后划归新竹、苗栗。

>>> 1878 年建成的台湾苗栗油矿

话说一位名叫邱苟的广东客家人，其父亲邱仕诏早年与伙伴向官府承垦出磺坑一带的山场，邱苟担任"理番通事"，即在高山族（当年被贬称为"生番"）与汉人之间充当翻译。1861 年，邱苟在猫里溪（后称苗栗溪）出磺坑发现了油泉，便用手工挖掘了一口井，深约 3 米，日产石油约 20 千克，卖给居民照明和医药之用。不久，他把油井租赁给本地人吴某，租金每年 100 两白银，但吴某不知道石油的价值，也不会利用石油牟利。邱苟便私下再把油泉租给英国宝顺洋行约翰·陶德，年租金为白银 1000 两。吴某和邱苟为此发生了经济纠纷，引发聚众械斗，闹腾了很久未平息。邱苟勾结高山族人杀人，遭官府通缉，1870 年被逮捕处死，油泉的土法开采就停了下来。

>>> 陶德与助手在油井留影

苗栗石油的发现，当时外国驻华机构的文献也有记载。1869 年，美国驻厦门领事李仙得撰写商务报告，把这种产品写作"Rock Oil"。1874 年李仙得著作《台湾番事》被译成中文时，直译为"石油"。这本书的中译本手稿或抄本收藏于台湾"中研院"史语所，1962 年收录于《台湾文献丛刊》整理出版。

从历史上看，中国是最早发现采用石油的。早在北宋年间，科学家沈括在《梦溪笔谈》中，就详细记录了石油的发现和利用。由于中国近代工业发展缓慢，步履维艰，远远落在了世界后面。苗栗出磺坑油泉，当时官府、民间还不了解这是石油，误以为与硫磺有关，也就不足为奇了。

第一口油井诞生

苗栗出磺坑发现石油引起了官府的注意。1874 年，时任福建巡抚兼船政大臣沈葆桢在巡视台湾时，详细了解了发现石油的情况，便有了将油井收归国有官方开采的想法。直到 1877 年，已是清政府两江总督的沈葆祯再去台湾巡视，与福建巡抚丁日昌合议，将此地油井收归官办，于当年奏请清廷获准，并立即委派官员，展开筹备工作。

由福州船政大臣丁日昌、船政总监工叶文澜全面领导开采工作，委派精通英语的买办唐景星（唐廷枢）主持石油开采。1877年，唐景星通过熟人从美国购得一台以蒸汽为动力的新式钻机和工具，同时从美国石油城德雷克井聘请到经验丰富的两位工程师（简时和助手洛克）和一位英籍技师，并于同年11月28日在台湾与"洋工"补签正式合同。

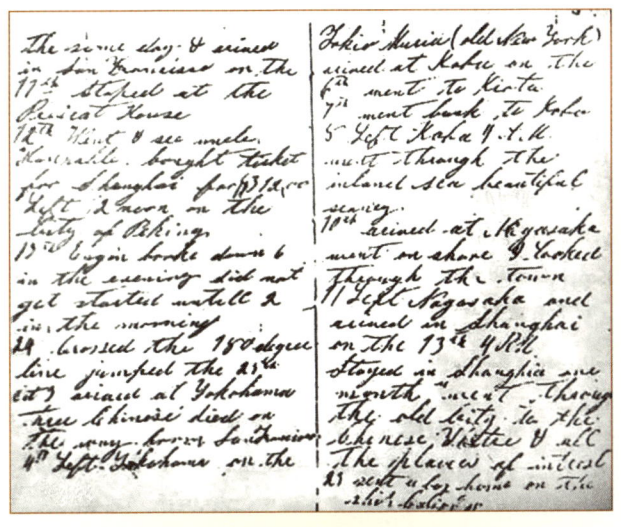

>>> 美国技师简时来台前后日记部分影印件

1878年，在出磺坑开始钻凿第一口油井，当钻凿至深约120米时，产出原油。《海关册》记载了当时的工作情形："第一步是架起起重机。架好之后，立即就把周围的泥土搬走，直到出现坚固的岩石为止。第二步是钻通这个岩石，然后插入一根管子，并用一把大木斧尽可能地把管子打下去。然后放进一只7.5英寸（19.05厘米）的钢钻，于是就在管子里面进行钻动。大约在20英尺（6.1米）就遇到淡水，再往下160英尺（48.8米）

就得盐水，水经堵住后，继续再钻入 100 英尺（30.5 米）时，又遇到水。在深达 380 英尺（115.8 米）之处找到水和油。钻到 394 英尺（120 米）时，由于大量泥土陷入，需要过多的工作，钻探便停止了。"接着下套管完井，开始泵油，日产原油约 15 担（750 千克）。投产一个月，共产原油约 400 担（20 吨），其中 100 担卖给榨蔗户作糖棚照明用，其余 300 担存放在后垄，既无销路，又运不出去。

>>> 陈政三著《美国油匠在台湾》

后来，台湾"中国石油公司"学者陈政三依据洛克日记和他个人对台湾历史的解读，写成《美国油匠在台湾——1877—78 苗栗出磺坑采油纪行》，该书在台湾流行颇广。

这口出磺坑钻出的第一口油井，成为中国石油工业史上第一口用近代化机械开采石油的油井，故被命名为"出磺坑第一号古油井"，俗称"苗一井"（苗栗油田第一油井）。苗栗油矿被列入第一批中国工业遗产保护名录。

油矿步履维艰

第一口井开采不容易，油矿发展也并不顺利。在出磺坑第二口井开钻不久，因遇到诸多问题难以解决，不得不停工陷于中断。后来由于多种原因，油矿建设也是断断续续。直到现在苗栗油矿仍生产，因而成为世界上现运行的、时间最早的近代油矿。

苗栗油矿建设初期情况，在叶文澜的书信和"洋工"洛克日记中有不少记载。从美国运到的机器太重，矿区通往外界没有道路，缺乏运输工具，运输真是费了"牛劲"。"洋工"建议专门订造大型牛车搬运，并设计制作牛车模型，由后垅镇的中国木匠打造。规划修建通往矿井的路，"洋工"也要跟随中方工作人员勘察地形。台湾地理位置位于亚热带，油井在苗栗（后垅）溪边不远，降雨量极大，地层松软充满泥浆，时不时出现塌陷，"洋工"也不得不紧急参与处理塌陷问题，难以专心钻井。就这样，"洋工"参与大量钻井以外的事务，无奈"抱怨"礼拜日都难以休息。那时，用机器开采石油实属创始，台湾官府上下也没有经验，油矿开采所需的木材、煤炭等没有跟上，采购及运输都消耗了不少时间，屡屡出现怠工，开采进度比预想要缓慢很多。

1878年夏秋，疟疾在后垅一带流行，油井附近大部分人染病，两个保护油井的士兵死于疟疾，很多钻探人员生病，无法正常工作。这时第二口油井开钻时间不长，发生了一次钻具断脱事故，"洋工"用了三个星期时间还没有能够把它连接起来。恰在这时，"洋工"因合同期满要求回国，叶文澜实在不想放"洋工"走，以至于想出拖延发放工资、路费的招数，最终挽留无效，使刚刚开始的石油钻探第一次陷于中断。这一次开采失败，使为油矿起步作出重要贡献的叶文澜损失"经费"2万多两白银，心灰意冷，退出官场。

1885年，台湾改设行省，首任巡抚刘铭传上奏朝廷，再度开发台湾石油。1887年，苗栗成立了中国第一个油矿管理机构——矿油局，林朝栋主持苗栗油矿开发事宜。矿油局召集旧时钻探队人员，整理旧有钻机，在没有外国人参加的情况下，展开钻探。至1890年钻井5口，仅有一口井出油，经营陷入困境。因资金匮乏，刘铭传想和英商合作，遭到清廷反对，因此被革职。随后，新任巡抚将台湾矿务局撤销，苗栗油矿的开办再次中断。

日本侵占台湾后，曾经大肆掠夺台湾的油气资源。1895年甲午战争后，日本在出磺坑、锦水、竹东、新营等地区先后钻井251口，至1945年共采出原油16万吨。1913年，日本石油公司在台湾地区开始建立炼油厂，直到20世纪40年代，建立了当时全国最大的高雄炼油厂。1945年，日本投降，台湾地区的油田由国民政府的中国石油公司接管。

玉门石油泉开中国石油工业先河

"羌笛何须怨杨柳，春风不度玉门关。"这句诗是古人对玉门地区苍茫寂寥的深刻印象。但是，作为中国石油工业摇篮，玉门又曾激起了几多中国石油人的豪迈情怀："苏联有巴库，中国有玉门。凡有石油处，就有玉门人！"

玉门地区石油的早期勘探

1921年10月9日，从美国留学归来的地质学家谢家荣到达玉门，10月13日抵达赤金堡，次日抵达石油泉。10月15日至17日，谢家荣在石油泉考察石油地质3天。这是我国地质学家进行的最早的石油地质勘查活动。1922年5月，谢家荣在湖南《实业杂志》（第54号）发表了中国历史上第一篇石油地质考察报告——《甘肃玉门石油报告》。报告详细描述了产油地点的地层与地质构造。依据石油地质理论，谢家荣指出玉门石油尚有探采价值。报告认为"石油泉附近地质构造，确为一背斜层。地层属疏松砂岩，厚者达数十米，足能蕴蓄油量。在疏松砂岩之上下，时有致密质红色页岩，亦颇足以阻止油液之渗透。"还特别提请当局重视石油矿产："故深望当局对于石油矿深加注意也。"

1936年11月1日，国民政府发布了《国民党南京政府密字第82号训令》，正式批准顾维钧等5人专探专采甘肃、新疆、青海三省石油。1937年9月，受顾维钧等人的委托，孙健初、韦勒和萨顿等人开始前往大西北考察石油地质情况。在来玉门考察之前，考察队听说当时的苏联科

学家曾撰文表示,玉门一带有一个面积巨大的"石油湖"。10月3日,在向导带领下,孙健初等人来到了玉门的一条宽阔的河流边。向导告诉他们,这条河被当地人称之为石油河,是当地人贩卖石油的油泉所在地。河东岸半山腰有一座小庙,叫老君庙,是当地淘金人祈福之地。

通过调查发现,当地有7家油老板收集石油,共有41个石油泉,每天能收集50千克石油,一年合计10吨左右。尽管没有见到苏联人所说的巨大的"石油湖",未免有点失望,但是他们依然紧张地开展工作。考察队一行写出了《甘青两省石油地质调查报告》:"石油河背斜就是一个含油构造,给予必要的条件,必将证实是有开采价值的构造。"报告认为:"地层构造很好,平时开采不合算,战时可考虑开采。"

>>> 谢家荣及《湖南实业》杂志

>>> 20世纪40年代的老君庙（1863年，由石油两岸淘金人所建的玉门老君庙，面积15平方米。1941年，油矿当局曾进行修整）

老君庙下井位初定

1937年7月7日，卢沟桥事变爆发，抗日战争全面开始，战事从华北局部扩大到了全局。抗日战争爆发后，中国东部铁路线大多陷于敌手，西部大后方的汽车运输又因沿海口岸的相继陷落，失去进口燃料的渠道。当时甚至有"一滴油一滴血"之说。国民政府国营工矿企业的主管部门——经济部资源委员会，提出了由政府投资开发石油的设想。在国民政府经济部部长翁文灏等人的推动下,国民政府成立了甘肃油矿筹备处,决策开采玉门石油。

"酒泉西望玉门道,千山万碛皆白草"。1938年12月24日,严爽、孙健初、靳锡庚等9人,租用了22峰骆驼,从酒泉向玉门出发,随身携带着帐篷、蒙古包、测绘工具、行李、粮食、锅碗瓢盆等所有野外工作的必备物品。

1938年12月27日,经过4天艰难跋涉,勘探队来到了玉门石油河,看到了淘金人住的窑洞,也看到了祈福的老君庙。勘探队驻在老君庙。孙健初负责地质构造调查、靳锡庚负责测绘地形、严爽负责后勤与联络。经过47天工作,在石油河、干油泉、三橛湾、石油沟、夹皮沟等处,测绘成1:10000比例尺油田地质地形图、地质构造图、剖面图等基础资料。"各图虽不敢谓臻如何精密程度,然于油田钻探之研究已够用也。"孙健初当时给予了充分肯定。

>>> 孙健初进行地质调查时使用的蒙古包

地质勘查工作结束后，勘探队员们得出了三个认识：第一，老君庙地区为中生界陆相地层，并且这种陆相地层能够生油。通过古生物分析，也能得出同样的结论。第二，老君庙地区，地下为一穹状背斜构造，长轴为东西向，是原油成藏十分有利的构造类型。在构造高部位钻探十分有利。第三，老君庙地区原油埋藏只有几百米深，钻探成本低，易于开采。为此，勘探队拟定了一个钻探方案，向国民政府资源委员会进行了汇报。汇报中写道："沿穹状背斜层轴自西向东，采油井较浅之处，拟钻眼 8 处，该井排南相距 200 米处，再定钻眼 8 处，共存南北两排。"1939 年 3 月 1 日，孙健初通过对老君庙一带地质构造的分析，特别是对储油构造的预测，力排众议，决定把第一口油井确定在老君庙旁 15 米处。

从 K 油层到 L 油层

石油钻探，必须有钻井设备。当时，国内只有中国共产党管辖的延长油矿有几部冲击钻钻机。为了解决钻机的问题，翁文灏部长决定向中国共产党求助。他首先想到了周恩来同志。因为此时在国共合作期间，周恩来任国民政府军政部副部长。于是，翁文灏专程拜会周恩来，提出了向延长油矿借用钻机的事情。周恩来同志爽快地答应了。他说："开发玉门老君庙油田，共产党人是非常赞同的。当前，国难当头，日寇正在中国土地上横行，无论是共产党还是国民党，都有责任……我们会积极支持你们的一切行动。"如是，延长油矿将当时最先进的两部钻机完好无损地分拆装箱，送出陕北油区，送往甘肃油矿筹备处。为了能够熟练地使用钻机，延长油矿还派出了钻井工程师董蔚翘，随行押运各种器材到达了老君庙。

1939 年 3 月 13 日，第一口油井开始开工，准备钻探。在正式开钻之前，先要人工挖开地表层的土层，大概需要挖到 20 多米，到达岩石层以后，再上钻机钻进。5 月 6 日，正式开始用冲击钻钻探一号井的岩层。当

>>> 1939年的老一井

时的速度非常慢,一天只能完成进尺一米多。遇到井壁坍塌,还得重新开钻。8月11日,当钻到115.51米时,钻到了一个油层,每天可产原油10吨。当时,这是一个惊人的数字,大家欢呼雀跃。孙健初命名这个油层为K油层,这口井就是"老一井"。玉门石油勘探终于打开了局面。

　　K油层出油以后,作为勘探队唯一懂石油地质的专家,孙健初在思索更深层的地层是否存在石油。而要弄清楚下面的情况,希望找出更多的石油，就需要继续往下钻探。但是，从延长油矿调来的两部冲击顿钻机器，设备落后、工艺原始，无法继续向更深的地层钻进。为此，勘探队向国民政府资源委员会申请，专门采购旋转钻机等事宜。1940年，从湖南湘潭煤矿及江西高坑煤矿各调运来采煤的旋转/冲击两用钻机一台。有了新的设备，勘探队开始探明K层之下究竟还有没有油？因此，决定加深钻探四号井。

>>> 开发玉门油矿使用的冲击式顿钻钻机

1941年4月21日凌晨，石油工人操作的旋转钻机发出轰鸣的马达声。他们彻夜不眠地钻探石油。当钻机钻到439.17米的时候，突然一声巨响，一股油柱携带着泥沙，在高达84兆帕的压力下，以雷霆万钧之势喷上了几十米的高空。四号井发生了井喷！从没有见过这种场面的工人，吓得目瞪口呆，奔跑，呼喊，不知道怎么处理。赶紧向上级汇报。井喷发生约半个小时后，又是一声巨响，一团大火迅速覆盖了整个井场。刹那间，将整个石油河峡谷，照亮得像白昼一样。这个时候没有人敢吭声，大家沉寂下来。

勘探队的严爽、孙健初等人正在休息。被井场值班司机报警声惊醒后匆匆赶到四号井井场。当时，只有孙健初懂得石油开采的一些技术，也了解一些石油勘察过程的井喷情况。他急忙组织了200多人到现场救火。但是，在当时的技术条件下，想制服井喷很难。同时，大家对井喷也缺乏准备，没有预案。大火连续燃烧了整整一天，直到第二天凌晨四点，因为井壁坍塌，自动把井喷控制住了。经过大家的努力，又把表面的明火扑灭。

井喷爆炸失火以后，有人员受伤，机器受损。大家都沉浸在悲痛之中，情绪低落。只有孙健初知道，井喷也预示着在K油层之下，肯定有一个储量更加丰富的油层。因为以K油层的原油产量，不可能产生这么大的井喷。当孙健初把自己的分析结果向大家说明的时候，大家一个个情绪反倒高涨起来。勘探队以电报的形式，将井喷和发现新的油层情况报告了重庆。资源委员会纷纷致电油矿员工，勉励嘉奖。重庆的各大媒体也纷纷报道了这个特大好消息，中国打出了自喷井，让抗战时期的人们倍感振奋、深受鼓舞。

按照英文字母的顺序，孙健初将新钻探的这个油层命名为L油层。随后，在加深钻探的八号井、九号井、十号井也都达到了L油层，各个井日产量最高达到了200余吨。其中，八号井、十号井都发生了强力的井喷。10月底，作为甘肃油矿局总经理的孙越崎闻讯赶到了玉门油矿，直奔八号井井喷现场。然后做出了三条决定：第一，开庆祝会，犒劳大家。第二，嘉奖有功人员，晋升一级。第三，新来的大学生不用写实习报告，立即升为工务员。

石油泉的故事

>>> 1941年4月21日，玉门四号井发生井喷

玉门石油泉功勋卓著

1942年,太平洋战争爆发以后,我国援引美国的租借法从美国购得最新的旋转钻机12套。经过滇缅公路长途运输,最后只能拼装成四套完整的钻机。随行还来了三名美国人:一名钻井工程师布什,两名美国技术工人菲尔德和赖纳,都有一定的实践经验。这样,玉门油矿的石油开采就大大加速了。1939年秋天,老君庙一号井出油以后,玉门油矿按照延长油矿蒸馏釜的经验,在玉门就地改造了70加仑的第一具蒸馏釜,并在蒸馏釜上装一支温度计。按照教科书上讲的分馏温度,先蒸馏出来的是汽油;在温度上升到230℃左右,蒸馏出来的是煤油;在360℃左右,蒸馏出来的是柴油,其他都是渣油。这三种产品质量难以控制,但勉强可用。靠这一原始技术,1940年加工原油1500吨,汽油和煤油的收率分别是14.2%和6.6%,生产汽油200吨。

>>> 玉门油矿最早的蒸馏釜

玉门石油的成功开发，在抗战期间"一滴油一滴血"的艰难形势下，不啻为一剂"强心针"，极大地鼓舞了全国军民抗战到底的决心。随着后来自喷井的投产、L油层的开发、配套炼厂的建立，玉门油田产量快速上升。1939年玉门油田共生产石油418.85吨，炼制汽油11.6吨、煤油13吨、柴油23.5吨；1940年生产了1346.756吨石油，加工了1500吨原油（加上1939年产的石油）。1941年，甘肃油矿局正式成立，孙越崎担任总经理，严爽为油矿矿长，金开英为炼油厂厂长。1941年生产汽油556吨，1942年生产汽油5000吨，为抗日前线提供了宝贵的燃料。到1949年，玉门油田拥有技术人员200多人，石油工人5000多人，年产石油7万吨，累计生产石油50多万吨。一个钻、采、炼、输一体化的现代化石油企业的雏形基本奠定！

独山子油矿：一山放出一山拦

>>> 王树楠

一峰独起的独山子因山而得名，她虽然偏居祖国西北一隅，却是新疆近代工业的先驱，产生了新疆早期的产业工人，成为抗日战争期间与延长油矿、玉门油矿齐名的三大油矿之一。

在清末推行新政、振兴实业的风尚下，王树楠（1851—1936年）等新疆地方官吏为了增加财政收入，抵制洋油倾销，力图开发利用新疆丰富的石油资源，揭开了新疆近代石油工业的序幕。

清光绪三十二年（1906年），王树楠由兰州道调任新疆布政使（又称藩司，主持全省财政、民政）。王树楠是一位有维新思想的近代学者，他刚刚到任就马不停蹄地考察新疆各地。在考察新疆一些采矿事业因生产技术落后、办理不善、收效甚微的情况之后发出慨叹："呜呼，新疆矿产之盛若此，而矿利之难若彼，其盛衰兴废之由不断可识哉！"（《新疆图志》），于是想集中力量专办一两种矿产，用机器新法生产作为示范。由于石油资源丰富，决定先开办石油矿。

清光绪三十三年（1907年），王树楠派人采取独山子、乌苏一带石油样品送到俄国巴库工厂化验，认为独山子所产石油质量优良，"色黑，每百斤可提净油六十斤"。

清宣统元年（1909年），在王树楠等人的筹划下，新疆地方政府筹集30万两银子（一说10万两）从俄国购回一台提油机（炼油设备即小型蒸馏釜）和一台挖油机（钻井设备）。提油机安装在乌鲁木齐工艺厂。挖油机运到独山子以后，开始打井。当打到七八丈（约合30米左右）深的时候，喷出了大量石油和天然气。

王树楠在他主编的《新疆图志》中不无兴奋地记下了独山子第一口油井出油的壮观一幕："挖油机一座，运置独山子，开掘油井，深至七八丈，井内声如波涛，油气蒸腾，直涌而出，以火燃之，焰高数尺。"这是新疆用近代机器钻凿的第一口油气井，其时间较中国陆上钻第一口油井的陕西延一井只晚了两年。

可惜好景不长，令人遗憾的是，在独山子第一口油井开凿后不久，王树楠受人弹劾，于宣统三年（1911年）撤职回京。其在《新疆图志》中预言的"现在开办伊始，先采独山一处，俟有成效，当添采绥来等处，以资推广"的发展计划完全落空，新法采炼石油也被下令停办，使独山子石油开采长期停留在掘洞收油的土法开采阶段。

虽然新疆第一口油井昙花一现，幸运的是，1936—1943年间独山子独放异彩，新疆省政府与苏联合作勘探开采独山子油矿达到较大规模。1942年原油最高年产量达到7321吨，加工原油7060吨，并建成年加工能力5万吨的管式常压蒸馏炼油装置。

独山子石油开采与炼制的兴起，与中国共产党的活动有密切关系。

从20世纪30年代初开始，中国共产党领导的新民主主义革命浪潮

>>> 赵国元

>>> 毛泽民

开始冲击着新疆这块古老而封闭的土地。首先是一批共产党人通过共产国际的派遣来到新疆，传播马列主义，开展革命活动。抗日战争爆发前后，中国共产党与新疆的盛世才政权建立了抗日民族统一战线关系。一批中共党员和进步人士来新疆工作。1938年3月，中共党员赵国元被任命为独山子炼油厂厂长。期间，他为了提高工人的文化技术素质，先后举办两期钻井工人技术培训班，并亲自授课，介绍抗日战争形势。因其工作成绩突出，由财政厅向省政府呈报《独山子石油厂工作计划之实施办法》中评价："赵厂长到厂年余，建设颇多，工作确属努力。"

毛泽民也曾为独山子油矿的发展作出了重要贡献。时任中央工农民主政府国民经济部部长的毛泽民，因长期积劳成疾，1937年末，党中央安排他到苏联治病和学习。1938年2月1日自西安乘飞机到迪化（今乌鲁木齐），因中苏边境地区发生鼠疫，交通中断，滞留在迪化。盛世才得知后，一再挽留毛泽民留在新疆，一边养病，一边帮助整顿新疆财政。

经中共中央批准，毛泽民留在乌鲁木齐，化名周彬。1938年2月被委任为新疆省财政厅副厅长，不久任代厅长。

毛泽民在财政厅任职期间，对独山子的石油生产和职工生活十分关心，对独山子炼油厂请求解决的问题，经常是亲自批阅，迅速办理，尽量满足。1938年7月20日，独山子炼油厂报告财政厅，说现场钻井急需机油、黄油、灭火药粉等，请转函苏新公司（苏联在新疆的商业机构）代购。毛泽民批示有关人员"速即照办，公函务于明天上午送到该公司"。1941年独山子炼油厂代厂长王华阁请求拨款3万元，毛泽民一面给予拨款，一面指出其不合程序，要求"代电复该厂，以后请款应经总工程师签字为有效"。

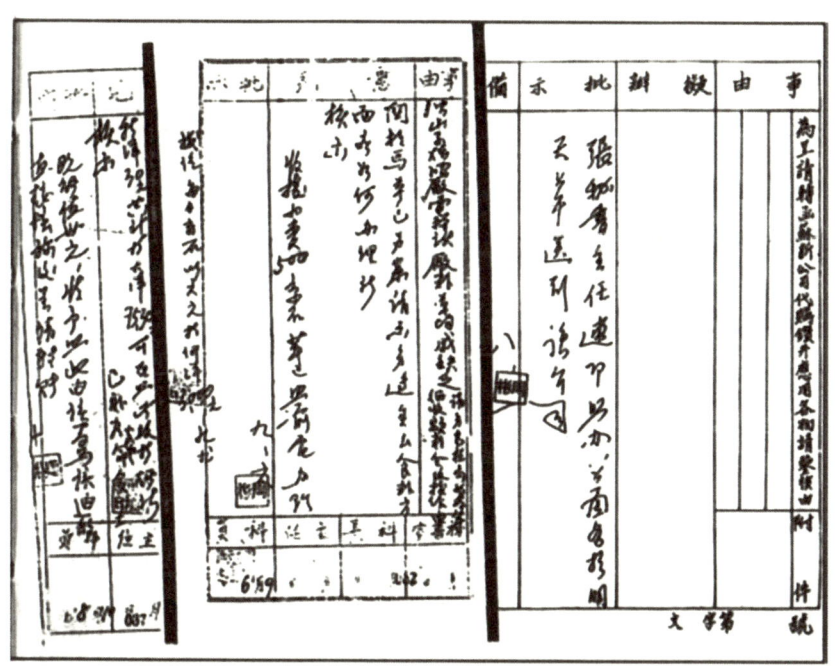

>>> 周彬（毛泽民化名）对独山子炼油厂的批件

独山子职工生活所需的粮食、肉食等物资，毛泽民尽量从财政厅主管其税收的油矿附近各县调拨，按最低价格结算。

1942年，新疆当局推行反苏反共政策之后，毛泽民与陈潭秋等中国共产党党员被反动军阀盛世才逮捕。1943年9月，被敌人秘密杀害。

苏方于1943年撤走钻机和人员，封闭油井，致使生产陷于停顿。1944年甘肃油矿局接办独山子油矿，期间发生的一件插曲，反映了当时人们的心态。

1944年8月，甘肃油矿局总经理孙越崎去新疆接收独山子油矿，一股风言风语传进他的耳朵里。他听有人说，过去独山子油矿出油不多，是苏联人故意搞的，原因是石油在地下互相连通，独山子出油多了，会影响苏联巴库油田的出油。这种说法虽然没有科学依据，但对于缺乏石油开采知识的人来说却有一定混淆视听的作用。此次接收独山子油矿由甘肃油矿局经营，与玉门油矿同属一个部门。如果接管以后仍然出油不多，也可能有人怀疑是为了让玉门油矿多出油而故意使独山子油矿少出，这对工作将十分不利。思来想去，孙越崎决定对省政府职员进行一次科普教育。

于是，孙越崎在对省政府职员讲话时，用了一个生动的比喻，讲述了关于开采石油的基本常识。他说妇女身上有两只乳房，孩子吃奶时，一只吃空了就要换另一只吃。在人体上两只乳房相距这样近，但乳汁并不相通。石油也是这样，不但距离很远的两个油田不会互相连通，彼此影响产油量，就是在一个油田上，由于地质作用，形成圈闭的油气藏，也是互不联通的。孙越崎这番话才使大家恍然大悟，由此打消了顾虑。

孙越崎妙语说油藏，解开人们的心结，可是阴云笼罩下的新疆石油业积重难返。由于社会政治动荡，油矿满目疮痍、生产日渐衰微，甘肃油矿局组织修复部分油井，但不到一年再次停产。到1949年，独山子油矿一直处于土法开采的状态，只有两口出油井，日产原油3～5吨。

【延伸阅读】

储层和圈闭

石油和天然气是储存在有孔隙的岩石中的,储存油气的地层叫油气储层。储层中的油气很不稳定,往往会借助地下岩石孔隙相连而形成的通道,由压力大的地方向压力小的地方移动,只有遇到阻挡物时才会停止运移。在阻挡物处油气由少聚多,并且越聚越多,这种阻挡油气的地方一般称为圈闭。当圈闭像一个倒扣的锅时,专业人员称它为构造圈闭。当然还有其他形式的圈闭。如果这些圈闭正好被致密的、不透水的岩石所组成的地层盖住,油气从圈闭中流不走,也挥发不掉,使油气最终定居在这里,就形成油气田。自然,油气田与油气田之间"老死不相往来"也就可以理解了。

美国泰特斯维尔石油泉开启现代石油工业

"如果想让一个人一夜暴富,那就让他去探秘石油泉;如果想让一个人倾家荡产,那就让他去拥抱石油泉。"这是美国石油淘金热的一句口头禅。石油泉是地下油气宝藏的信使,也是打开财富的密钥,更是石油工业发展初期找油的捷径。她抛出"绣球",等待睿智、勇敢的有缘人揭开地下巨大油气财富的神秘面纱。而美国宾夕法尼亚西部泰特斯维尔石油泉,无疑是世界上第一个揭开石油资源面纱的财富之泉。

神奇的"塞尼卡油"

19世纪初,美国宾夕法尼亚西部就开始用一种被印第安人称作"塞尼卡油"的神秘药膏治疗头疼、牙疼、胃病、风湿、水肿和打寄生虫。当时还流传着一首歌谣来宣传它的神奇疗效:

> 强身健体的香油,
> 出自大自然深邃的泉眼,
> 她使健康之花盛开,
> 使人们活力非凡。
> 神奇的液体,
> 自地下宫殿汩汩流出。
> 驱除我们的痛苦,
> 抚平我们的哀伤。

比斯尔的发财拼图

1853年，一位名叫乔治·比斯尔的记者来到了泰特斯维尔。他当过教授、中学校长，也是一名精明的律师。因为家里贫困的缘故，比斯尔12岁开始就自食其力，靠勤工俭学的方式从达特茅斯学院毕业。他天资聪慧，又精明能干，从不放过任何赚钱的机会。当他在泰特斯维尔看到了"塞尼卡油"后，对这种液体的燃烧性能产生了深厚的兴趣，他开始琢磨着如何让这种神奇液体的可以燃烧的性能发扬光大。

不久，他在他的母校达特茅斯学院看到了陈列的石油样品。他突发奇想，如果把这种东西加工一下用来照明，是不是可以发大财？当时，人们所用的照明燃料是一种从煤炭里面提炼出来的煤油，但煤油价格很高，销量也很大。如果能找到一种天然的照明用液体取而代之，就可能赚大钱了！

这种想法让他兴奋异常，开始四处联系合伙人。他首先找到的就是同在达特茅斯学院的校友叫费朗西斯·布鲁尔。费朗西斯·布鲁尔答应与他一同合作，开发当地的"塞尼卡油"。两个人的力量还有些单薄，比斯尔又找到了银行家詹姆斯·汤森，三个志同道合、对金钱充满了欲望的冒险家组成了一个小团队，开始探究"塞尼卡油"到底能够给他们带来什么样的惊喜。

但是这种油真的能用来照明吗？这需要进行科学的实验来分析判断。1854年，为给下一步筹集资金提供技术报告和信誉担保，比斯尔聘请耶鲁大学西利曼教授分析这种石油的成分和性能。西利曼教授是

>>> 西利曼教授

>>> 农民工作场景

著名的化学教授，他的结论具有学术权威性。看到样品后，西利曼教授通过初步观察就宣布："我可以保证，化验结果将符合你们的预期"。但是需要 526.08 美元（相当于现在的 16000 美元）的研究化验经费。当时教授的工资也不高，他需要这笔费用救急。三个月后，结果出来了，但是比斯尔却拿不出这笔化验费用，这让西利曼教授大为恼火。最后，还是比斯尔的朋友替他出了这笔钱才拿到这份报告。

报告认为，这种石油可以加热到不同沸点，通过蒸馏分离成几个部分，每部分都含有碳和氢，其中一种成分和煤油的主要成分一样，是高质量的照明用油。这份报告是一份最权威最有说服力的广告，被历史学家称为"石油商业发展史上的转折点"。比斯尔于 1854 年 12 月 31 日成立了纽约宾夕法尼亚石油公司，这也许是美国乃至世界第一家石油公司，公司注册资本 30 万美元。他们发行股票，每股 25 美元，就连西利曼教授本人也认购了 200 股。通过一年多的运作，公司终于筹措到了很多资金。

不久，公司花 5000 美元在泰特斯维尔石油泉附近购买了 100 英亩土地所有权，使用期限 99 年。接下来，就要进入实质性的开采阶段，但采用何种技术开采又成了一个大难题。

一天，比斯尔走在纽约百老汇大街上，无意中看到了一张医药公司的广告，画面上是一个开采地下井盐的钻井现场。这惊鸿一瞥让他脑洞大开——为什么不用钻盐井的技术来钻油井？于是，他四处收集钻盐井的技术材料。调查后发现，这种顿钻钻井技术早在 1500 年前就在中国出现了。据《丹渊集》记载，早在北宋庆历年间以来，四川南部的先民就在自流井气田用人力顿钻钻凿卓筒井，在井眼中放置竹制套管保护井壁，从而将卤水汲取到地面煮盐。这种顿钻技术大约在 12 世纪前传到了西方各国后，创造了新的打捞工具及淘井工具，并选用新材料固井，后来还采用蒸汽动力驱动，但其主要构造和工作原理等都基本相同。

从组建三人合作小组、化验分析石油成分和性能到确定采用顿钻技术，比斯尔的泰特斯维尔石油泉孕育的发财"拼图"已经基本完成。

德雷克上校

1857年12月，比斯尔等人成立了塞尼卡石油公司，聘请埃德温·德雷克作为现场总经理，负责现场生产，年薪1000美元。德雷克是一个火车司机，由于身体不好请了病假，住在纽黑文的一家旅馆里。当时，正巧比斯尔的主要合伙人、银行家詹姆斯·汤森也住在这家旅馆里。两个人志趣相投，经常聚在一起谈论石油的事。汤森就向他介绍了塞尼卡石油公司的情况，问他想不想参与他们的采油项目，德雷克爽快地答应了，并把身上仅有的200元钱作为投资。就这样，他们的团队增加了一个改变美国乃至世界石油工业的人物——德雷克上校。

汤森之所以选择德雷克，主要是考虑德雷克性格坚韧顽强，有不达目的不罢休的意志。另外，还有一个比较现实的原因，就是德雷克是火车司机，有铁路通票，可以免费出差，这对于资金紧缺的塞尼卡石油公司说，可以节省一笔不小的资金。

派遣德雷克去宾夕法尼亚的时候，汤森考虑到要去的泰特斯维尔是个偏僻的地方，为了给当地的荒野村夫以深刻的印象，便于公司开展业务，他们给德雷克私自封了一个上校的军衔，汤森就先给当地去了几封信，每封信时都称将要过去的人是"德雷克上校"。当时美国人崇拜军人，上校的称谓无疑给德雷克增添了不少威信。这个办法非常管用。1857年12月，当德雷克来到宾夕法尼亚州西北部那个穷乡僻壤的泰特斯维尔小山村后，受到当地民风淳朴的山民们的热烈欢迎。但当地的人们听说他是来采油的时候，都取笑他异想天开，并预言他难以成功，因为他们认为石油是一滴滴从大煤层中渗出来的。

德雷克选取了距离泰特斯维尔村两英里地方的一个油泉，也就是1853年布鲁斯雇人挖的石油坑，准备钻井。这里每天可以用传统的方法收集3~6加仑石油。比斯尔的公司首先给他汇出了1000美金，他将这笔钱用来招聘钻井工人。德雷克走南闯北，见多识广，他发现当地的人都喜欢酒，经常喝得烂醉如泥，就在雇佣工人时候，提出一个按劳取酬的要求，即每花一美元完成一英尺的进度。这个要求使很多滥竽充数的人不得不离开了。

>>> 埃德温·德雷克

德雷克在泰特斯维尔的第一年一事无成。1859年的春天，德雷克终于找到了令他满意的钻井工——铁匠威廉·史密斯和他的两个儿子。德雷克和他们谈好了报酬，3人一天2.5美元。史密斯参与过钻盐井工具的制造，经验丰富，是一个"专业型"的技术工人。在有了得力的人手之后，德雷克又采购蒸汽机作为动力，设计了机房、井架，整个井场焕然一新。

在距离石油溪约50米远的地方，几个人开始按照钻盐井的方式搭好井架，把设备一一装配起来。当时采取顿钻技术钻井进度很慢，每天只能钻进1米深。除了慢以外，德雷克在钻井过程中还出现了很多问题，最大的就是在石油溪边钻井时，地下涌出了大量的水，让钻井工作无法进行。这时，德雷克的应变能力得到了充分体现，他将一个大号钢管插入石油泉中，再把钢管中的水抽干，然后在钢管里面继续往下钻，这样就避免了水涌的影响。这也许是世界钻井史上第一次下套管吧。

1859年8月27日下午，钻头在23米深的地下卡在一条岩石裂缝中动弹不得，几个人疲惫异常，只得收工休息，准备第二天再处理。第二天是28日星期天，德雷克回到小镇的旅馆去了，史密斯去井口察看情况，惊异地发现井中水面上漂浮着一层黑色的液体，捞上来一看，天哪，这浓稠的液体就是石油！原来，那条卡住钻头的裂缝正是通往储油地层的通道，引导着地下原油慢慢地往外渗出。

星期一，当德雷克来到工地时，发现史密斯和他的儿子已经将现场所有的容器里全都装满了石油。惊喜异常的德雷克开始指挥大家用手动泵抽取石油。在钻井现场无所事事看热闹的"吃瓜群众"也亢奋起来，开始在泰特斯维尔镇上奔走相告：北方佬打出石油了！德雷克马上电告比斯尔等投资人，油井已经出油，每天可生产1.5~2千升。

几家欢喜几家愁

也是在这一天，汤森的汇款和停工回纽黑文的命令到了德雷克的手中。原来，身在纽黑文的投资人们早在焦虑不安中失去了耐心，到后来，汤森成了最后一个相信他们的投资项目会取得成功的赞助者。但是，当计划投资的资金告罄，他开始自掏腰包付账时，他也开始绝望了。于是他给德雷克寄去了最后一笔汇款，并决定让德雷克付清账单就结束钻探工作，回到纽黑文。如果汇款单和停工的命令早一个星期收到的话，德雷克真的会收手，那么世界石油工业的历史也许会是另外一番景象。

听到德雷克的油井成功出油的喜讯，比斯尔激动万分，马上坐车赶到了泰特斯维尔小镇。到达小镇后，他第一时间赶到了钻井现场，汩汩而出的油流让他确信，他们成功了。精明的比斯尔立刻做出了一个重要决定，马上掏出自己平生所有的积蓄并多处筹措资金，共计几十万美元，疯狂地购买或租石油泉附近的农场土地。同时，他悄悄地通知家人赶在消息还没有扩散之前，以原价或低价回购公司股票。他在家书中写道："在这里，我们遇到了无可比拟的狂热浪潮，人们几乎发疯了。我从未见过这种激动人心的场面。西部的人全拥到这里来了。我们该发一笔大财了。"

泰特斯维尔打出石油的消息传遍四面八方，在美国西部引起一场找油致富的淘金热潮。到了 1860 年 11 月，也就是德雷克发现石油 15 个月后，这里已经有 75 口井出油。泰特斯维尔附近的地区被戳得千疮百孔，只钻了一口井的小公司比比皆是，共计有 1.6 万多家石油公司。镇上的酒吧、饭店到处谈论租地权的交换、油井买卖、井的深度或者是产量的人们。

>>> 井场边的德雷克上校

精明的比斯尔发现，附近的酒桶都已经用完了，要把生产的原油运出去又是一个问题。比斯尔马上又开始了制造贩卖油桶的生意，他所注册的宾夕法尼亚石油公司就地加工提炼石油，快速推上了市场。他还和银行家朋友们一起在泰特斯维尔开起了银行，为石油商们提供金融服务。精明的比斯尔以石油泉为起点，迅速地建立起了一个小有规模的商业帝国，其名望已经在美国石油界中家喻户晓，并位列于美国顶尖巨富之列。

大浪淘沙，在这场石油生产的淘金热潮中真正赚到钱的寥寥无几。那个承担最大风险的银行家朋友詹姆斯·汤森却没有得到应有的荣誉。他后来回忆道："筹集资金并把钱寄出去的事都是我做的。这不是自我吹嘘而是事实，如果不是我支持开发石油，当时石油就不会开采出来。"他还说，"即使给我一大笔财富，我也不愿意再经历一次这么大的痛苦和煎熬。"

>>> 1863年的宾夕法尼亚油田

德雷克的结局并不美好。1861 年 4 月他钻到了一口自喷井,由于当时对伴生气缺少处理经验,发生了爆炸,人员伤亡惨重,瞬间让他破产了。1863 年,他离开了石油溪,成了华尔街一家专门经营石油股票的公司合伙人。1866 年,他赔光了所有的钱财,加之身体欠佳,长期饱受病痛和贫穷的煎熬。在石油界朋友的强烈呼吁下,宾夕法尼亚州政府鉴于他的杰出贡献,授予他一笔终身养老金,每年 1500 美金,这才让他的生活有了保障。德雷克死后,宾夕法尼亚州政府在泰特斯维尔建立了一个德雷克油井纪念公园和德雷克油井博物馆,让后人铭记他的突出贡献。历史的车轮滚滚向前,拥有巨额财富的比斯尔等人逐渐被人遗忘,而开启现代世界石油工业之门的德雷克,却永载史册!

巴库油泉的血雨腥风

阿塞拜疆首都巴库是一座非常古老的城市，其最早的历史可追溯到5世纪。18世纪时，成为巴库汗国的都城。1806年，被并入俄罗斯帝国。这座历史古城不仅是阿塞拜疆共和国的政治、文化中心，外高加索第一大城市和交通枢纽，还是苏联时期的一座富产石油的宝地。在一片幽深的油海之上，巴库油田悄然崛起，因此巴库有了"石油城"之称。从苏联时期到阿塞拜疆，这座石油之城依然魅力无限。

从纳夫塔兰到巴库

相传多年以前，在巴库西北320千米的纳夫塔兰，一支骆驼商队途经当地正沿着丝绸之路前往中国，一只骆驼因伤无法继续前行，主人只好忍痛遗弃。没想到几周后，当商队返回时，却惊讶地发现受伤的骆驼正愉快地在湖水里洗澡，神奇的是这只骆驼身上的伤已经痊愈了。好奇的商人们发现，浑浊的湖水里掺杂着一些黑色的油性液体，他们推测是这些黑色的液体治好了这只伤痕累累的骆驼。于是，他们就将这种黑色的油涂抹在商队中一些手脚受伤的同伴们的伤口上，几天后这些伤口也奇迹般地愈合了。此后，这些聪明的商人就把这些油性液体装起来，拿到经过的各大城市沿街兜售。当他们叫卖时，吆喝的是"纳夫塔兰"。"纳夫塔兰"是阿拉伯语，意为"盛产石油的地方"。

但是，给这里带来巨额的石油财富的并不是纳夫塔兰，而是里海西岸阿普歇伦半岛南部的巴库。13世纪，探险家马可波罗在游记中记载了巴库的石油泉："在靠近格鲁吉亚陆地东边缘的地方，有一口神奇的泉，它源源不断地冒着油,这些油每年足以装满 100 艘船只。这些油很奇怪,不能吃,但却是很好的燃料,还可以用作药膏治疗人畜身上的瘙痒和疮痂。附近地区的人们都来此取油,享受上帝赐予的、如此好用的燃油。"

在巴库的正北面,是开阔干燥的库尔马季山谷。在 18 世纪下半叶和 19 世纪,这里的人们在光秃秃的山坡下寻找到大大小小的石油泉后,就像采掘煤炭一样用人工挖出一个个深浅不等的坑穴。人们在这种狭窄、危险的矿井里,用木板加固巷道以防塌方,掘出深达 6~15 米的油井。在狭小的油井底部,工人们往桶里盛满石油,然后用绳索滑轮将油桶吊至地面,再装上马车四处兜售。到 1829 年时,巴库已经有 82 个手工挖成的石油井,但限于开采技术的落后,每个油井的产量并不高。

1859 年 8 月 29 日,美国的德雷克在宾夕法尼亚州泰特斯维尔小镇打出了一口深 21.69 米的油井,这口井被美国称为"世界第一口现代油井"。不过,俄国人认为是他们国家的谢苗诺夫于 1848 年在巴库开凿的油井才是世界第一口现代油井。不管这顶世界第一的帽子戴在谁的头上,他们都对开启新的石油时代作出了巨大的贡献。

>>> 1848 年,俄国人谢苗诺夫发现石油后,巴库地区井架如林

1862年，美国标准石油公司的油品被销往俄国，很快替代了当地用作照明的动植物油脂。在洛克菲勒的全球销售计划中，俄国市场占有重要地位，因为那里白天时间更短，漫长的黑夜更需要照明。但是，从一开始他们就忽视了一个极其重要的因素——巴库石油。

在美国石油的冲击下，1872年，俄国政府废除了传统的石油专卖制度和油田包税制，对油田进行招标，出让使用权，同时大力引入资本和技术。这种有组织的石油开采大大促进了巴库地区石油

>>> 苏联1916年明信片上的巴库巴拉哈尼油田井喷

的勘探、开采、冶炼和运输，使石油业的发展进入了快车道。1873年，依据地表油苗的指示，打成了第一口井，它"一个月里喷出约350万桶原油"，这就是有名的巴拉哈尼油田的发现井。巴库为之沸腾，世界为之轰动！巴库发现大油田的消息不胫而走，不少淘金者都从四面八方纷至沓来，其中就有大名鼎鼎的诺贝尔兄弟。

胡桃木换来的炼油厂

诺贝尔家族是以雷管、火药、枪支等军火生意发家的。伊曼纽尔·诺贝尔是瑞典化学家，人称老诺贝尔，1837年来到沙皇俄国，为沙皇生产枪械。他还发明和制造出了水雷，在克里米亚战争中把英国皇家海军舰队阻挡在克朗斯塔德要塞之外，因此于1853年获得了沙皇尼古拉一世破例授予的

金质帝国勋章，并因此得以发家致富。但是，当克里米亚战争结束后，老诺贝尔的军火生意马上陷入困境之中。

老诺贝尔有四个儿子，老大罗伯特，老二路德维格，老三艾尔弗雷德，老四读大学时死于意外事故。三个儿子都大名鼎鼎，其中最有名气的是老三——诺贝尔奖创建人艾尔弗雷德·诺贝尔，而最有经营头脑的是二儿子路德维格·诺贝尔。因此，老诺贝尔最终把家族企业经营权交给了老二，自己则回到了瑞典老家安享晚年。路德维格·诺贝尔接手芬兰开办军械厂生意后，长袖善舞，于1873年3月，老二路德维格接到俄国政府一笔很大的订单，生产45万支步枪，他便请哥哥罗伯特到高加索地区去采购做枪托用的胡桃木。

>>> 罗伯特·诺贝尔

老大罗伯特·诺贝尔随身携带了2.5万卢布来到了巴库。当他抵达巴库的时候，没有找到足够的胡桃木，却赶上了巴库开发石油的热潮。罗伯特·诺贝尔看到了井架林立、蒸汽机轰鸣的油田生产场景。早在1861年，罗伯特曾在芬兰开过一家煤油灯厂，因多种原因最后倒闭了。巴库石油开发的狂热重新点燃了他曾经的"石油梦"，具有商业头脑的他，预感到商机千载难逢，他来不及回去同弟弟商量，就果断地把2.5万卢布买胡桃木的资金购买了位于巴库附近的一座小型炼油厂。罗伯特见识过一些欧美先进的石油炼制技术，因此，接手公司后就更新了很多技术设备，迅速提高了生产效率，他的公司也很快成为当地实力最强的炼油厂。以炼油厂为标志，诺贝尔家族正式进入了巴库石油界。

1875年，诺贝尔家族在巴库的巴拉哈尼油田上买了很大一片矿区开采权后，直接从美国请来了钻井队，购买美国最先进的蒸汽冲击顿钻设备，成功打出了一批油井。公司所生产的煤油开始销往圣彼得堡。

路德维格·诺贝尔成为"巴库石油之王"

1876年，路德维格·诺贝尔也来到了巴库，开始直接管理石油生产事务。1879年，路德维格和罗伯特注册成立了诺贝尔兄弟石油公司，并在家族人脉关系协调下，把俄国米哈伊尔大公拉进了公司，让他占据部分干股。米哈伊尔·亚历山德罗维奇是俄国沙皇亚历山大三世最小的儿子、尼古拉二世的弟弟，在他的帮助下，公司生意兴隆异常。

>>> 1994年土库曼斯坦发行的诺贝尔兄弟石油公司115周年纪念邮票

路德维格是一位精明能干的企业家，其才华可以和洛克菲勒相媲美。他学习美国的经验，运用先进的科学技术和管理手段来提高生产效率。他深刻地认识到，科技、垄断和上下游一体化是产生超额利润的最佳途径。为了家族石油事业的发展，路德维格采取了五个方面的创新举措：第一，他决定聘请专业的地质学家来科学指导勘探石油，为此聘请了瑞士地质家赫·斯尧格林来指导石油勘探，使诺贝尔公司成为世界第一家雇佣专业石油地质学家的公司。第二，公司采取采油、炼油、运输、储存、分销一体化的模式，使钻井成功率、行业利润率大大提高。第三，在当时采用木桶装油，再用船装木桶运输石油的情况下，路德维格冥思苦想，他在船上建造大型油罐进行压舱的办法，用分隔装油的模式，避免翻船事故发生，从而开创了石油工业史上首个水上大规模散装石油运输的先河。1878年，诺贝尔石油公司从瑞典定制了第一条散装油轮——索洛阿斯特号。从此开创了大规模水上散装运输石油的历史。这时，炼油技术与加工能力又成为制约的瓶颈。路德维格带领公司又进行了第四项创新举措。1883年，诺贝尔公司创新开发了连续蒸馏技术，改变了当时流行的间歇式蒸馏技术，即装满一蒸馏釜原油后，再加热蒸馏；倒出残余的沥青后，再进行下一轮蒸馏，大大提升了工作效率。第五项创新举措就是管理方式的创新，实行了全员分红制，让全体员工成为公司的主人。

　　这些创新，大大提高了公司的工作效率，激发了全体员工的工作热情。1884年，俄国石油产量达到了1880万桶，几乎是美国的1/3，美国洛克菲勒的标准石油已经完全被挤出了俄国市场。诺贝尔兄弟石油公司是十月革命前俄国最大的石油公司，他们开创的高度一体化的大型石油联合企业，成为俄罗斯石油工业的王者，而路德维格·诺贝尔成为名副其实的"巴库石油之王"。

>>> 路德维格·诺贝尔

不久,诺贝尔石油公司用他们看家绝活——军用炸药,用400多吨炸药炸山修隧道,打通高加索山脉,建起了一条约67千米长的输油管线,同巴库—巴统铁路相连接。这样制约俄罗斯石油工业发展的对外销售问题彻底解决了。从此,巴库的石油源源不断地流向了西欧经济发达地区。

罗斯柴尔德家族与铁路

在诺贝尔石油公司的大力推动下,俄国石油工业在世界石油工业上的地位逐步提升,吸引了世界上的各路"神仙"来冒险淘金,最终演绎成了残酷的"三国杀"。

1883年,世界经济界另一个显赫家族——法国罗斯柴尔德家族来到了巴库。罗斯柴尔德家族是欧洲乃至世界久负盛名的金融家族。它发迹于19世纪初,其创始人是梅耶·阿姆斯洛·罗斯柴尔德。他和他的5个儿子即"罗氏五虎"先后在英国伦敦、法国巴黎、奥地利维也纳、德国法兰克福、意大利那不勒斯等欧洲著名城市开设银行。2010年3月30日,在吉利成功收购沃尔沃的过程中,就是罗斯柴尔德银行团队帮助吉利成就了中国最大一宗海外汽车业收购案。

罗斯柴尔德家族在领头人巴伦·阿方索男爵的领导下,与诺贝尔家族展开了激烈竞争,开发巴库的石油资源。巴伦·阿方索男爵是罗斯柴尔德家族的第三代成员,他的父亲是"罗氏五虎"中最小的,掌控着家族在法国的产业。他的眼光独到,很快看到巴库石油的瓶颈在于市场与销售。当时的市场主要是俄国国内,而分销到西欧广大市场需要通过里海—伏尔加河—圣彼得堡—波罗的海2000英里❶的运输线。

罗斯柴尔德家族想到了一个大手笔的工程,就是促成巴库到黑海港口

---

❶ 1英里=1.6千米。

巴统的铁路建设。这条铁路长约 1000 千米，是传统运输线的 1/4，同时还不需要中途装卸。当然，当时也有其他公司想到了这个思路，但是实力不济，加之政商关系复杂，无力染指。

罗斯柴尔德家族在西欧有一家炼油厂，只有能够获得巴库廉价优质的石油，他们的产业链才有保障。为达到目标，他们采取银行抵押的形式，将俄国石油设施作为抵押物获得了银行的贷款，促进了巴库—巴统铁路建成。出口的货物 85%～90% 是石油和石油产品；同时巴库—巴统铁路的建成也让罗斯柴尔德家族打破了诺贝尔兄弟对俄罗斯石油的垄断，迅速成为俄罗斯石油工业另一支强大的主力军。罗斯柴尔德家族的石油公司在 1884 年从只有大约 4 万吨的石油和石油产品的出口量，到 1890 年罗斯柴尔德家族已经控制了巴库 42% 的石油出口。

罗斯柴尔德家族的炼油厂还产生了一名伟大的社会革命者。根据西蒙·蒙蒂菲奥里撰写的《青年斯大林》的记载，1901 年 11 月，22 岁的斯大林乘坐从第比利斯开过来的火车悄悄地抵达了巴统，并在罗斯柴尔德的炼油厂仓库找到了一份工作，他们每天花 1 个卢布 20 戈比雇来的这个年轻人，成为最终断送他们在俄罗斯石油帝国的终结者。

而此时，巴库油田不断涌现出新的高产自喷井，推动产油量逐步攀升。1888 年，俄国石油产量增长了十倍，达到了年产 2300 万桶，相当于美国年产量的 4/5 以上。一进一退之间，美国在全球照明油市场中所占的份额从 1888 年的 78%，下降到 1891 年的 71%，而俄国所占的份额则从 22% 上升到 29%。

标准石油公司入局促成"三国鼎立"

对诺贝尔和罗斯柴尔德两大家族来说，巴库石油是他们家族巨大的财富和力量的源泉。但远在大洋对面的美国的标准石油公司却红了眼，正如

马克·吐温在小说《镀金时代》中所描写的那样，标准石油公司是一个不惜"割断别人喉管"的无情竞争者。他们采取大鱼吃小鱼的方法，接连使用了三大招数：第一，想参股，诺贝尔家族不感兴趣。第二，采取舆论战诋毁巴库石油存在质量问题，但巴库石油是优质油品，也没有起到作用。第三，采取在欧洲市场降价倾销挤压措施，让"标准石油的蓝色商标像洪水猛兽一样无情冲击对手"。诺贝尔家族和罗斯柴尔德家族联手应对，终于与洛克菲勒家族打了个平手，最终形成了"三国鼎立"的局面握手言和，签订了市场瓜分协议，标准石油占75%，欧洲集团占20%，其他5%。这份协议在客观上确保了巴库石油工业的发展。

但天妒英才，三国豪杰中的先行者——路德维格·诺贝尔的身体越来越差。1888年，在法国里维埃拉度假时，这位"巴库石油之王"因心力衰竭去世，年仅54岁。欧洲的报纸却做了负面的报道，称他为"凭借发明新的杀人方法而发家致富的死亡贩子"。显然，他们把路德维格当作了他的三弟、炸药大王艾尔弗雷德·诺贝尔。而此时，50岁的洛克菲勒也因为工作压力过大等原因而身体变得日益糟糕。他开始卸掉日常工作，把公司的工作交给了年轻的天才接班人阿奇博尔德，而自己专注于慈善事业。改变生活方式后，洛克菲勒活到98岁，成了人生的赢家！

标准石油却不想维持"三国鼎立"的局面，开始从地缘政治上想搞垮这两大家族在巴库的石油公司。他们游说俄国政府说，"鸡蛋不能放在一个篮子里"，要开放石油工业，引入竞争对手。而此时的俄国革命浪潮此起彼伏，市场环境逐步恶化。精明的罗斯柴尔德家族把其巴库石油公司的资产全部转让给了皇家荷兰壳牌公司，成功上岸！

1917年，"十月革命"爆发，红军解放了巴库，诺贝尔家族主要成员逃离巴库，苏联宣布石油工业国有化。但是，西方国家普遍坚信苏维埃政权马上就会垮台，"兔子尾巴长不了，大约半年就会垮台"。诺贝尔家族抓住机会，于 1920 年 7 月与美国的新泽西标准石油公司（美国标准石油公司解体后，拆分成的 34 家独立公司之一）达成协议，新泽西方面先支付 650 万美元现金，以后再支付 750 万美元，获得诺贝尔公司一半的石油资产，从而达到了"控制"俄罗斯 1/3 的石油生产、40% 的炼油能力、60% 的国内市场的目的。但是，随着苏联石油工业国有化目标的实现，世界上三大显赫家族在巴库的"三国演义"落下了帷幕，结局是"三国尽归苏维埃"。

德国法西斯曾经望油兴叹

巴库油田是苏联历史上最重要的油田，在巅峰时期，油田产量占到了苏联石油产量的 71.5%。进入 20 世纪，围绕巴库石油的争斗愈加激烈。在第二次世界大战时，德国觊觎巴库石油，这座石油之城几乎左右了人类历史的走向。德国与苏联之间的巴库之争，伴随着战争的血与火，与诺贝尔家族等的三国杀相比，其残酷性是史无前例的。

第二次世界大战开始时，德国军队主要依靠罗马尼亚的石油，但随着战争的深入，已经远远不够德军使用。在德国和苏联没有翻脸的 1939 年，苏联还向德国出口了 90 万吨石油，解决了德军缺油的燃眉之急。但贪婪而疯狂的希特勒并不以此为满足，他想全部占有巴库产油区。他的目的有两个：一是获得巴库的石油，为德军征服世界提供能源动力；二是摧毁苏联的抵抗能力，称霸全球。

1941 年 6 月 22 日，希特勒发动了巴巴罗萨行动，300 万士兵扑向毫无戒备的苏联。德军先是将战火烧到了斯大林格勒（伏尔加格勒）。斯大林格勒南方不远处，就是令其垂涎三尺的巴库产油区。只要德军攻陷斯大林格勒，巴库产油区就将成为囊中之物。当时，只要德军占领巴库并拥有了石油，不要说苏联会瞬间失去能源供给，就是英美等国也会在动力十足的德国飞机和坦克的轰鸣中感到恐惧万分。

>>> 热衷于闪电战的德军对石油消耗很大

对英法来说，苏联能控制高加索油田是最好不过了，实在不行，也可以考虑炸掉这里的油田，绝不能让希特勒在这里带走一滴石油。苏联管理层告诉新上任的石油工业副主管说，在迫不得已的情况下必须破坏油田。

巴库以北的克拉斯诺达尔有油井1300口。英国建议苏联把这些油井全部堵死。苏联采纳了这份建议，调来大批水泥，把水泥倒进每一口油井里，打造一个个深约20米的巨型水泥塞。等德军打到高加索时，面对的是一口口根本不出油的油井。德军调来很多先进的石油钻机，下达命令：不惜一切代价，也要把油井凿通。"很遗憾"，德国人白忙活了，这1300口油井中，一口能打出油的都没有。

德国无油可用。只能采取最笨的办法，重新钻探新的油井，但苏联显然不会让德军从容挖油。4个苏军的西伯利亚师南下，阻止了德国的计划。

德军虽然渴望得到储量更为丰富的巴库产油区，只是苏军成了拦路虎，德军始终没能踏足巴库。

从诺贝尔家族、罗斯柴尔德和标准石油公司的三国杀，到德国法西斯的血盆大口，巴库油田经历了腥风血雨。如今的巴库油田仍然在不断喷出工业油流，阿塞拜疆独立后，在巴库油田基础上建立的工业城市巴库就是它的首都。如今通过石油天然气收入，已经建成为高加索地区少有的现代化城市。

古老波斯石油泉成就梦想

古代波斯是盛产石油的地方。在古代波斯阿尔利卡,发现有石板明确记载了用沥青治疗癣疥等皮肤病的实例。古希腊历史学家希罗多德在公元前5世纪中叶写下了一部《历史(希腊波斯战争史)》,并在该书第6卷第119章中记载了当时采用原始的手工方式进行掘井采油的情况。公元前1世纪,希腊历史学家迪奥多拉记载:"巴比伦发生过很多神奇的故事,但最神奇的是在那里发现了大量沥青。"当年,著名的波斯国王塞勒斯夺取巴比伦的时候,准备进行危险的巷战。他说:"可以点起我们的大火把,在火把里灌入大量的沥青和碎木,这些东西可以很快把巷战房顶上的敌人烧死或赶走。"

8世纪,新建的巴格达街道上铺有人类历史上最早的沥青路面,那些天然沥青下面是一个又一个的石油泉。在波斯湾附近,部族联盟巴克提亚里斯的冬季牧场里,一个叫作迈丹·纳夫屯的地方,冒出了星星点点的石油苗。拜火教的信徒们在石油泉边上建起了火神庙,定期来到这个荒凉之地朝拜。美国石油经济学家哈罗德·F.威廉森曾说过:"早在公元前3000年,居住在美索不达米亚的苏美尔、亚述和巴比伦人就在幼发拉底河流域采集到含有天然沥青的油苗,从而开始了后人寻觅和探索石油的历史过程,世界上第一个石油工业起源于美索不达米亚,那里是西方文明的摇篮。"

囊中羞涩的波斯国王

1874年，巴库石油开始大规模生产后，与巴库接壤的波斯王国逐步进入了找油人的视野。19世纪后期，英国著名的地质学家博弗顿·雷德伍德博士在波斯进行了近十年的石油地质勘探。当时的地质学还是表层地质学，科学家们主要是根据石油泉的油苗信息和地形变化，大致推算出地下石油资源的情况，包括资源量、分布情况、可能的开采价值。雷德伍德博士发表了一篇地质勘探报告，指出波斯可能有巨额的石油资源。雷德伍德博士是英国一流的石油专家，撰写过一本关于石油生产、储存、运输、配送和使用方面的图书。他的研究成果就是找油人的行动指南。

19世纪末的波斯王国，由中东地区大大小小的部族公国组成。国内部族联盟间征伐不断。在国际上又处于俄国与英国对外扩张势力的争夺之中。当时的波斯国王穆扎法尔丁沙（1896—1907年在位）是恺加王朝的第五位国王，腐败无能，挥霍无度。一些恺加时代的欧洲访问者描述，是一个陶醉于"豪华的宫廷礼仪，培养宗教学者，供养着庞大后宫"的东方君主国，实际上却"软弱、傲慢和自欺欺人"，在数次与俄罗斯和周边国家的征战中败下阵来，在科技工业发展上无所成就，热衷于授予欧洲国家一个又一个特许权以谋私利，"迅速滑向衰败、破产和附属国地位"。

>>>伊朗国王穆扎法尔丁沙

为了维持国王的奢侈生活，波斯王国需要得到大量的财富。为此，他们想通过出卖王国地下的石油开采权来获得所需的资金。1900年底，国

王派出王国政府的代表、海关总署署长安托万·基塔布基去巴黎参加波斯展览会的开幕式。基塔布基有很多头衔，但本质上是一名商人。他的联络地址本上记录着一串串达官显贵的名单，上至伊朗国王，下至国王的侍者，外至欧洲政府官员。他此行的真实目的是替国王寻找波斯石油开采权的潜在买家。

波斯王国曾经于1872年、1889年两次对外出售过石油开采权，但是特许权持有人，有犹太血统的德国人保罗·朱利叶斯·路透（后加入英国国籍，世界著名通讯社路透社的创始人）都没有抓住机会，白白浪费了十几年大好时光和无数真金白银。1872年，他取得了波斯国除了黄金、白银、钻石之类贵重金属之外的全部矿产的开发权，从而首次从波斯国王手里获得过探采石油的特许权。但此举由于遭到波斯北方邻国沙皇俄国和波斯公众的反对，没有实施。1889年，还是这位路透男爵，通过英国驻波斯公使，第二次获得在波斯的石油探采特许权。到了1899年，还是没有找到油，特许权过期作废，路透本人也于这一年去世。

这一次，基塔布基通过一位退休的英国外交官找到了理想的合作伙伴。他就是英国最高级别的冒险家、富可敌国的资本家——威廉·达西。

与威廉·达西签订协议

威廉·达西于1849年生于英国德文郡，是一位投机商、冒险家。在伦敦著名的威斯敏斯特学院就读期间，当时的同学们却几乎没有人相信他会在改变石油工业乃至世界的进程中扮演关键的角色。33岁的达西还是一名默默无闻的律师。他有幸加入了澳大利亚摩根山金矿开采。在这项赌博式的开采活动中，达西是那个最能沉得住气的"赌徒"。在其他合伙人"满头是汗"相继退出时候，达西坚持到了最后，成为最大的股东。摩根山金矿成功开采后，他投入的约3000英镑的股票价值疯狂涨了两千倍，总身价一度超过了 600 万英镑，一跃成为英国最富有的资本家之一，也是世界上最富有的人之一。他的传奇故事在殖民扩张主义的大英帝国广泛流传。他也被英国人奉为具有开拓精神的成功冒险家典范。

此时的达西已经 50 多岁了，回到英国准备安享晚年，狩猎、旅游、赌马是他生活的主要内容。在波斯王国的特使安托万·基塔布基殷切的游说怂恿下，达西动心了，他亲自听取了雷德伍德博士的分析，随后激起了再次冒险的淘金激情。

>>> 威廉·达西

1901 年 5 月 28 日，在一系列的谈判运作下，穆扎法尔沙丁国王签署了一份历史性的协议。协议的主要内容为：达西支付 2 万英镑以及 2 万股的股票，另外还有每年 16% 的纯利润作为授权费，而威廉·达西被授予了相当于波斯王国 3/4 面积地区内 60 年的石油勘探、开采、运输和销售的专有权利；此外，达西还获得了铺设石油管道和修建存储设施、炼油厂、车站和油泵系统的专有权利。手握这份协议，达西梦想着成为大英帝国的"洛克菲勒"。

这项协议一经公开，舆论哗然。反对人士称之为"丧权辱国"的"卖国条约"。但对达西而言，这也是一宗很大的赌博，规模远要比他的澳大利亚金矿大得多，遭遇到的政治和社会方面的复杂问题也是澳大利亚所没有的。但是，对于一个成功的冒险家而言，他身后的大英帝国是他强大支撑力量，而巨额财富的诱惑力是他无法抗拒的。

达西聘请石油专家乔治·雷诺作为现场总经理。雷诺是皇家印度工程学院的毕业生，在印度尼西亚的苏门答腊为荷兰皇家石油公司开采过石油，具有丰富的现场经验。

乔治·雷诺的钻井生涯

雷诺来到波斯王国后，先进行了广泛的调查，走遍了波斯王国可能出油的重点地方。考虑到在远古时代的美索布达米亚平原地区就出现过沥青的记载，因此，雷诺选择波斯王国最早出现石油泉的地方贾苏赫作为第一个钻探地点。这个钻探地点地处波斯西北高原，靠近后来的两伊边境，离波斯湾 500 千米远。

雷诺通过自己的人脉关系，聘请了来自波兰和加拿大的 6 名钻井工，以及巴库的技工，还有医生、厨师、伙夫、保安等组成了一个小社会类型的庞大团队。他指挥团队千辛万苦，通过人力和骡子把设备、机器运到了现场。同时，还要克服高达 50℃ 的高温和当地部族的骚扰。1903 年 10 月，第一口井出油了，有了油气显示。此时达西已经花了 16 万英镑，而他的流动资金快用完了。1904 年 1 月，第二口井出油了。

"波斯传来的惊人消息，对我是最大的解救。"兴高采烈的达西赶紧对外宣布了这个好消息。可是达西已经再也没有更多的资金了，他已经花了大约 34 万英镑，再继续下去，还需要上百万英镑，此时达西已经没有足够的经费了，很多钱还套在澳大利亚的金矿上。深谙帝国地缘政治的达西，为了筹措资金，用石油开采权吸引英国与俄国的竞争。在政治的干预下，英国海军军部支持达西勘探公司与缅甸石油公司联合组建"康瑟森斯辛迪加公司"，暂时解决了资金问题。但是贾苏赫现场传来了不好的消息：此处产量不高，无法进行商业开采，只好撤离。

石油泉的故事

1905 年,雷诺带领现场开采团队,又历尽千辛万苦来到了海湾附近、距离巴士拉 160 英里的夏尔丁,打到井深已近 600 多米也没有产油的希望,这在当时是一口很深的油井了。在这里连续 3 年勘探没有进展。辛迪加公司派出了总地质师坎宁安·克里柯去考察。他同雷诺一致认为,南部的迈丹·纳夫屯石油泉附近应该是一个理想的勘探地点。

>>> 乔治·雷诺画像

勘探队伍又来到了迈丹·纳夫屯。他们选择了一个井点"马斯吉德·苏莱曼"。这个地方靠近一座火神庙,是部族人祭拜火神时的天然"不灭圣火"的火种之地,也是迈丹·纳夫屯石油泉最核心的地方。雷诺在四年前就调查过这里,发现这里的岩石里面有很多石油泉。

雷诺既是地质学家、工程师,又是外交家、语言大师、人类学家,因此,他既能选定井位、指挥开采,又能与当地部族人交流、融洽相处,甚至学会了波斯语言。雷诺以他以往的经验选定了井位。1908 年 5 月 14 日,董事会决定打最后两口井,并且规定打到 488 米,如果没有大的发现,就放弃钻探,收拾撤离。5 月 25 日凌晨 4 点,突然传来一阵欢呼声:出油了,出油了!人们冲到钻井工地,看到喷出的油流比井架高出 15 米,波斯终于出现了工业性油流!

自从国王签署开采权协议后 7 年了,达西的奔波、煎熬终于换来了希望。几天后,第二口井也出油了。不久,第三口井也出油了。一个多月连续 3 口井喷出了高产工业油流。雷诺根据地表地质学理论,钻探推算证明了 260 平方千米的大油田横空出世!从此,中东石油的神秘面纱逐步揭开,惊艳世界!

丘吉尔的战略决策

大油田发现后,达西组建了英伦-波斯公司。要建炼厂、修管道,需要的投资更多了,达西开始在英国发行股票。在大名鼎鼎的达西引领下,疯狂的投机分子挤满了苏格兰银行格拉斯哥分行,大肆抢购公司股票,争取赚钱的机会。

1910年,英伦-波斯公司已有雇员2500人。石油采出来后,在销售上无法与大石油公司竞争。以美国标准石油公司、荷兰皇家石油公司为代表的跨国公司几乎垄断了石油销售渠道,因此英伦-波斯公司举步维艰,处于破产的边缘。达西再次祭出了地缘政治的王牌,在英国政府四处活动。

1912年,英国海军大臣丘吉尔做出战略性的决策,将帝国骨干舰队燃料从燃煤改造为石油,以便在与德国的竞争中取得更快速度、更长航时的优势,确保大英帝国的海军霸主地位。"我要为德国明天就要进攻做好准备。"这样,英国军方所需的石油就大量地增加。为了保障国防燃料供给安全,英国人创建的英伦-波斯石油公司就有了优先供应石油的便利性。

1914年6月17日,丘吉尔在下院提出了一个历史性提案:向英伦-波斯公司投资200万英镑,政府占51%股份,规定该公司20年内向海军提供燃料油。1914年8月10日,协议获得大英帝国国王批准。达西的公司终于活过来了。

1914年7月,第一次世界大战全面爆发,充足的石油保障使得英国赢得了战争。1914年,英伦-波斯公司的产油量达到了年产28万吨能力。1916年,已经可以满足英国海军石油总需求的1/5。1918年,英伦-波斯公司日产量达到了1.8万桶,比1912年增长了10倍,年炼油能力达到了90万吨，由此获得了超额利润。后来，英伦－波斯公司改造为英国石油公司。达西成为中东石油的奠基者，再一次成为大英帝国扩张主义政策支持下成功冒险家的典范。而伊朗石油工业由此成为中东石油的先行者。

1928年，伊朗发现特大型油田加奇萨兰油田，探明储量26亿吨。1937年，发现阿加贾里特大型油田，探明储量24亿吨。在中东其他国家还苦苦挣扎于贫困之中的时候，伊朗已经成为世界最大的产油国之一。

乔治·雷诺作为总工程师，与辛迪加母公司领导关系却越来越紧张，于1911年与公司合同到期后离职，领取了可怜的1000英镑离职金后，回到了荷兰皇家壳牌集团公司，开始了他另一个全新的追梦石油之旅。他来到了委内瑞拉，参与发现和开发了该国第一个大油田。而丘吉尔走向了英国首相的宝座，经历了两次世界大战。在第二次世界大战中，既挽救了英国，也带来了世界和平，成为大英帝国百年一遇的优秀战略家。

加拿大石油泉开启矿产财富跨越式发展之路

加拿大拥有着相当丰富的石油资源，探明的石油储量排在世界前三位，仅次于委内瑞拉和沙特阿拉伯。但由于绝大部分石油是以油砂形式存在，开采起来工序复杂，耗费人力、物力，在很大程度上限制了加拿大的石油产量，但它仍然是目前全球第五大石油生产国。1859年，美国人德雷克在宾夕法尼亚的泰特斯维尔钻成了第一口油井，成为美国，也是世界现代石油工业的开端。加拿大的石油工业与美国相比，并不逊色，仅从时间上说，诞生得比美国略为早些。加拿大安大略省黑溪镇的石油泉，也曾经上演过纷繁复杂的石油之争。

发现石油泉的查理·垂比

20世纪中期，在加拿大安大略省黑溪镇附近的人们，发现这里分布着一些黑色的油泉。这些油泉流淌出来的黑色油料凝结成胶质的沥青，人们踩在厚厚的胶质层上感觉很舒适。一个名为查理·垂比的加拿大人思考着如何利用这些黑色的胶质物去赚点钱。他刮取了一些样品送到实验室去化验，发现黑色的胶质物经过蒸煮后，可以得到优质的沥青，在当时就是铺路的柏油。这可是保护路面的好材料。

看到了发财良机的理查·垂比马上创办了一家公司，申请了矿区开采权，开始雇人开采油苗处的原油，生产柏油供销售。在1855年的巴黎博览会上，这种性能优良的柏油受到了好评。但是，垂比的思路没有打开，一直仅仅生产沥青，利润很小，干了几年就不想干了。1856年，他把公司卖给了詹姆斯·米勒·威廉斯。垂比虽然没有因此发财，但安大略省黑溪镇的石油泉却从此为人所知。

加拿大"石油工业之父"威廉斯

威廉斯的父母是英国威尔士人。他于1818年出生在美国新泽西州，1840年又随父母迁居到加拿大的安大略省。他起初开了一家马车制造厂，展现出了一定的经商的头脑，名声远扬，生意兴隆。后来加拿大铁路建设大发展，精明的威廉斯抓住机遇，改行制造铁路车辆。这次转行称得上是一次华丽的转身，让威廉斯的生意持续向好，赚得盆满钵满，迅速地完成了原始资金的积累。

1856年，一次偶然的机会，威廉斯参观了垂比的柏油公司，对石油生意产生了浓厚的兴趣。当时，垂比的公司还只能算作小本生意，沥青产量不高，工厂规模不大，正有意转让出去。威廉斯调查了一番，果断地买下了垂比的公司，再次转行，成了石油商。作为一个精明的生意人，他的思路比垂比开阔得多。他坚信，在石油泉黏糊糊的沥青层下面一定有原油。如果找到原油，他的生意就会打开另一番局面。

为了验证自己的设想，1857年，他雇了工人，采取手工方式，挖成了一口深约9米的井，他惊奇地发现井里果然充满了原油和水！他想如果继续把井挖深是不是可以得到更多的石油？于是，他让工人把一根铁管打进井眼的深处，可惜往下打了几米后铁管就发生了破裂，没有找到更多的石油。

但他没有气馁，决定更换了打井的位置从头再来。他准备了新的工具，来到了一个叫作恩尼斯基伦的石油泉附近继续进行试采。在第一口井挖到约20米深的时候遇到了岩石层，于是，更换工具继续往岩石里面挖。不知是运气垂青他，还是他的执着换来了回报，没用多久，井中的岩缝里开始往外渗出了石油，这让他欣喜若狂。

为了探寻岩石里面的奥秘，他决定继续往深处挖。他发现越往岩石深处挖油量越大。大概挖到 25～30 米深处，渗出的油量稳定下来，每天可以生产 0.7～13.6 吨石油。按照这个做法，威廉斯又开挖了很多口井，大部分井都出油了。威廉斯成功了，他只用了很短的时间就拥有了 50 口出油井，年产量 750～1000 吨，他的生意与垂比时期相比扩大了上百倍。

威廉斯打的油井虽然更早一些，但最初打井时是手工作业，采出的石油主要用来生产柏油，而把轻质油直接蒸发掉了；同时考虑到后来安大略省并不是加拿大的产油大省，没有形成规模化开发，因此，威廉斯的第一口井并没有对世界石油工业产生更大的影响，没能享有德雷克井那样的历史地位。但威廉斯一夜暴富的神话让那些渴望得到财富的人们蜂拥而至，纷纷到恩尼斯基伦石油泉淘金。附近配套的餐饮、旅店、运输、邮局等生活设施也拔地而起。这个地方很快变成了一个小镇，被人们亲切地称为"黑溪镇"。

爱动脑筋的威廉斯想到，手工挖井效率很低，如果用打水井的钻机钻孔，效率要高得多。1861 年 9 月 16 日，多伦多《环球报》报道："人工挖井到地下 14 米处遇到岩石，再用铁管挖入岩石 3 米后开始产油，平时日产约 9 吨原油。现在已经生产两年多了。"这说明在 1859 年 8 月 27 日美国德雷克井成功之前，威廉斯雇用钻机钻成了加拿大第一口油井。这口井就是加拿大第一口油井——恩尼斯基伦 27 号井。

1857 年，在加拿大有人发明了蒸馏炼油法，可以从原油中提炼出灯用煤油。于是，威廉斯在黑溪镇的南部建起了一座原始的蒸馏釜，开始生产和销售照明用煤油。这样一来，威廉斯的产业链扩展了，生意就做大了。威廉斯成为集钻井、采油、炼油、销售一体化的第一人。他已经变得家喻户晓！

>>> 加拿大油田现场

1860年下半年，威廉斯正式注册了加拿大石油公司，建起了炼油厂加工原油，他的财富仍然持续增加。公司不久改名为加拿大碳油公司，他任总经理。他本人也由此名声大噪，当上了市议员。1867年，威廉斯又当选为安大略州州议员。他死于1890年，享年72岁。

1861年，经过多轮次改进提高，一种改进的带弹簧杆的"冲击钻"出现在加拿大的黑溪镇，并打出了加拿大第一口自喷井。后来，加拿大的另一位"石油大亨"威廉·亨利·麦克加维对"带弹簧杆的冲击钻"进行了技术改进，引入了蒸汽机做动力，使钻井效率进一步提升，发展形成了众所周知的"加拿大钻井系统"。从此，加拿大的钻井工人成为"优秀钻工"的代名词，为世界石油工业的发展做出了杰出贡献。

1873年，加拿大的石油出口创纪录地达到了17万桶（主要就是出口到美国）。年初的时候，原油价格接近每桶2美元，但在接下来的时间里，由于美国宾夕法尼亚州的石油产量快速增长，油价一直在下跌，到年底时，加拿大原油价格跌到了每桶70美分。安大略省的石油开采陷入了绝境。1873年11月28日的《观察家报》评论道："加拿大的石油生意几乎完全萧条了；没有了美国市场，意味着几乎所有的炼油厂都得关闭。"

帝国石油公司与勒杜克油田

安大略省的石油逐步被人遗忘，但加拿大艾伯塔省的卡尔加里开始引人关注。卡尔加里是一个十分荒凉的地方。19世纪80年代以前，在这里生活的主要是印第安人。不少地方有石油泉油苗露出地面。当时，印第安人从石油泉中捞出石油用于治疗人畜外伤。随着安大略石油开发的降温，加拿大人也开始在卡尔加里寻找石油，但直到20世纪40年代，一直未有大的发现。

加拿大的帝国石油公司来到了加拿大西部艾伯塔盆地，先后打了133口井，都没有出油。此时，圈闭学说逐步成熟，地球物理勘探技术日臻完善，石油勘探的成功率大幅提高。1946年底，帝国石油公司根据地震勘探的资料研究分析认为艾伯塔盆是一个白垩纪地层圈闭，在圈闭内必定有油气存在。公司开始在埃德蒙顿西南25千米处的勒杜克构造上部署1号探井。

这是一口试探井，具有"火力侦察"的作用，因此，按照设计方案，钻井过程要尽量地钻得深一点，而不必在乎中间层位的油气显示。1号井首先钻开了白垩纪砂岩地层，这是方案中预判可能有油气的层位，但是实际上只有少量油的痕迹和天然气显示，根本达不到商业开采的价值。继续往下钻，钻到了古生代地层，发现这是一个水层，赶紧用水泥封住。再继续往下钻，穿透了几百英尺厚的硬石膏层和白云石地层后，钻头钻入了孔隙度比较大的岩层，该岩层有 46 米厚，出现了明显的油和气显示。1947 年 2 月 13 日，开始完井试油，勒杜克 1 号探井喷出了商业可开采的油流。

与此同时，为了研究出现过天然气显示的白垩纪砂岩，在 1 号井以南约 1.6 千米处，又部署了 2 号探井。当 2 号探井打穿了绿色泥岩层后，钻头钻进了孔隙度很大的白云岩地层，井口喷出了油流。公司的现场负责人诺利斯高兴地报道："我们发现了勒杜克岩礁油田！然而我们中当时没有一个人懂得岩礁是什么样的。"

随后，公司在这个油田上钻了 1476 口生产井。第二年，发现了武德本德油田。后来很快查明，这是勒杜克油田的延伸部分。勒杜克—武德本德油田的石油原始可采储量 5000 万吨，最终可采储量 9400 万吨，天然气 140 亿立方米，成为当时加拿大最大的油气田，艾伯塔省成了世界上又一个油气勘探的热点地区。

帝国石油公司乘胜前进，于 1948 年在勒杜克油田东北 70 千米处发现了红水油田，于 1949 年发现了金钉子油田。前者的石油可采储量达 1.2 亿吨，比勒杜克还大；后者可采储量为 4000 万吨。

勒杜克油田的发现，向石油公司证明，地震勘探的确是发现石油的有效手段。1948 年底到 1949 年底一年间，加拿大西部的地震队从 64 支增加到 103 支。艾伯塔省成了世界上找油的又一个热点地区。

从 1947 年到 1953 年，在勒杜克油田周围 160 千米以内，发现了几十个中小油田，总可采储量达到 3.75 亿吨。1953 年，加拿大的石油产量首次突破 1000 万吨，为 1099 万吨，1961 年上升到 3070 万吨。

在不可能找到油的地方找到的帕宾那

勒杜克油田的发现，使得人们认识到，白垩纪、泥盆纪地层也可以成为主力产油地层。勒杜克油田的实例再一次证明，油气勘探实践走在了石油地质理论的前面，反过来实践又丰富升华了石油地质理论，从而更好地指导油气勘探实践。随后不久，约瑟夫—列依克—阿缅那—坎诺兹油田群的发现，居然是"在不可能找到油的地方找到"的大型油气田。

想象有多丰富，油气的海洋就可能有多宽广。1953年美孚石油公司在艾伯塔盆地中部、埃德蒙顿以西的地震物探资料表明，地层有异常显示，可能有油气。为此，美孚石油公司在中心位置部署了一口地质探井。钻这口井的目的并不是指望能发现大油田，而是为了对该地区地震资料上反映出来的异常一探究竟。

这口井钻到876米，进入了致密的泥盆纪地层，没有任何油气显示，这可是很好的油气盖层。随后钻到了白垩纪地层，随同反排出来的钻井液带出来一些石油，但是达不到最佳产油层标准。于是继续往下钻进，钻到卡奇乌姆组砂岩层时，井口冒出了工业性石油，测试产量表明日产27吨。于是，美孚石油公司在这口井周围布了7口井进行试探评估，陆续都打出了商业性油流，终于发现了帕宾那油田。

经过进一步的钻探、评估，帕宾那油田的含油气面积达3000平方千米，石油可采储量达2.5亿吨，天然气可采储量1360亿立方米。这是加拿大最大的油田，并使加拿大石油可采储量一下子增加了50%。帕宾那油田的投产，使加拿大石油产量大幅度增加。1967年加拿大石油产量达到5234万吨。1977年12月，帕宾那油田在打加密采油井时，意外地从更深的泥盆纪地层中发现了新的高产油藏。

因油而生的卡尔加里是18世纪西北皇家骑警的一所驿站，在1941年发现了丰富的石油和天然气后，从此成为加拿大艾伯塔省经济、金融、政治和文化中心。

苏门答腊石油泉见证三代天才缔造荷兰石油帝国

苏门答腊岛是"千岛之国"印度尼西亚（简称印尼）最大的三个岛之一，东北临马六甲海峡，全年高温多雨。早在8世纪，住在苏门答腊的印尼人就发现在沼泽之中漂着的黑色膏脂，当地人用它治病，也可以作为燃烧的武器。到1865年，最少发现了52处石油泉。16世纪初，葡萄牙人为了香料生意，开始入侵苏门答腊，并于在1511年强行占领了安汶岛。当地的阿塞尼斯人用浸了石油的"火球"抗击葡萄牙舰队入侵，曾经重创两艘军舰。不过，战争最后的结局还是强大的葡萄牙人取得了胜利。后来，荷兰王国崛起，取代了葡萄牙占领了苏门答腊岛。

梦想成为洛克菲勒第二的齐克尔

1602年，荷兰国会通过决议，把荷兰人在苏门答腊的各公司联合成一个大公司，名为"联合东印度公司"，简称东印度公司。公司有权以国会名义发动战争、签订合同、占据土地。同时，荷兰在东苏门答腊种植烟草，成立了烟草公司。1880年，荷兰人艾科·杨斯·齐克尔担任烟草种植园的现场经理。

一天，艾科·杨斯·齐克尔到一座植物园去游逛，遇到了一场暴风雨，无法当天返回公司，只好在一个被废弃的烟草棚里过夜。一位土著监工陪同他一起休息，他手里拿着的明亮的竹条火把引起了齐克尔的注意。这个火把与一般的火把不一样，亮度大、燃烧时间长。荷兰人淘金冒险的敏感神经让他意识到，火把上有一种燃烧得很好的物质。经过询问，那个陪同的监工告诉他：火把上蘸的是一种黑色的蜡状物，附近一口水塘里漂满了这种黑色的东西。当地的土著长年用它做火把、当燃料，也用它给木船堵缝，或者治疗某些疾病。

第二天，雨过天晴。齐克尔请这位土著监工带领他去看看那个黑水塘。到了以后，见多识广的齐克尔发现，黑"水"散发出一种类似煤油的味道。因为当时美国的灯用煤油已经出口到世界很多地方，包括苏门答腊岛。齐克尔马上拿容器取了一些黑水样，派人送到首府塔维亚（现在的雅加达）的相关实验室去化验。几周以后，化验报告出来了。报告表明这是石油，其中含有59%～62%灯用煤油。齐克尔顿时心潮澎湃，他知道自己找到了一条比烟草更宽广的生财之道。因为当时洛克菲勒石油大王的故事已经传遍了欧美国家，所以，他毅然辞去了种植园经理的职务，下决心在这里搞石油，梦想成为第二个洛克菲勒。

他花了不少的钱从阿塞德兰卡特的苏丹那里获得了被称为特拉加·赛德的一块租借地。该地位于苏门答腊东北沿海，离巴拉班河约9.7千米。那口注满原油的水塘其实是一处油苗，就在这块租借地范围内，齐克尔有权在这块地上开采石油。1884年齐克尔筹集到了一笔资金，雇来一个钻井队，在石油泉油苗附近钻了一口井，但是没有收获。通过调查，当地土著人告诉他，还有一个更大的石油泉，就是当年土著人抗击葡萄牙军队入侵所用黑油的那个石油泉。这个地方叫作庞卡兰－勃兰丹村。

1885年，齐克尔再次雇佣钻井队在庞卡兰－勃兰丹村石油泉附近钻了一口井，这次他得到了回报，1885年6月15日石油从井口源源不断地流出来了。他把这口井命名为"泰拉嘎—坦戈尔1号井"，这口井是印尼石油工业诞生的标志。

>>> 泰拉嘎—坦戈尔1号井

由于当时的钻井技术非常落后，而且当地的热带雨林气候和地形不太适合钻井施工，齐克尔的钻探采油工作进展缓慢。为了加速采油工作，齐克尔成立起了苏门答腊石油公司，但公司一直存在资金紧缺情况，运转得并不顺畅。为了公司的快速发展，齐克尔找到了荷兰所属的东印度中央银行前行长和前总督，希望得到资金支持，同时希望把公司名称改为皇家公司。1890年，在荷兰殖民主义扩张精神和相关政策的支持下，荷兰国王威廉三世同意他在公司名字上冠以"皇家"字样，于是公司改名为"在荷属印度群岛钻探石油的荷兰皇家石油公司"，简称荷兰皇家石油公司。这一改变使得公司更容易筹措资金，公司的股票发行一度被超额认购达4.5倍。

齐克尔初步实现了自己的梦想，成为苏门答腊石油工业的开拓者，也成为荷兰殖民主义扩张时期成功冒险家的典范。但是天妒英才，公司建立几个月后的1890年秋，他在新加坡突然去世，想成为洛克菲勒第二的梦想没有实现。

让荷兰皇家石油公司发扬光大的凯斯勒

开拓壮大荷兰皇家石油公司的千斤重担落在了继任者让·巴普蒂斯特·奥古斯特·凯斯勒的身上。凯斯勒是一个意志坚强,有凝聚力的天才的领导者,也是一名成功的商人,在荷兰几乎家喻户晓。

37岁时,凯斯勒因为在事业上受到了重大挫折而赋闲在家,荷兰皇家石油公司看上了这个年轻人,聘请他担任公司的掌舵人。凯斯勒欣然接受了这个任命。1891年,他来到了苏门答腊石油工地。现场的一切让他大为震惊:管理一片混乱,环境糟糕透顶,大雨连绵不断,树林里水深齐腰,就连工地上的物资保障都非常困难。他不得不组织一个80名劳工组成的运粮队负责后勤保障,运粮队要蹚过齐腰深的河水到15英里外的村子去背大米,才能解决公司人员吃饭问题,面临的困难可想而知。

在这些困难之外,凯斯勒还要承受着投资方的压力,股东们希望加快进度,尽快拿到投资回报。凯斯勒作为一位优秀的职业经理人,面对困难毫不退缩,他首先想到的是要在水运方便的地方建立一座炼油厂,然后修建一根输油管道将油田与炼油厂连接起来,这样,原油在炼油厂加工为成品油以后,就可以用船运输出去销售。1892年,公司的炼油厂和6英里长的输油管道建成投产。在开通当天,人们焦急地等待输油管里面的原油流入炼油厂的储罐。当"暴风雨般的原油轰鸣声"传出来的时候,炼油厂的储油池开始注入原油。这一天,公司在巴拉班河边的炼油厂举行了一个隆重的庆典仪式,并升起了荷兰国旗。

凯斯勒将第一批煤油投放市场,取名为"皇冠牌煤油"。从1892年4月开始,每月能卖出两万箱煤油。但是,由于整体生产经营规模不大,仍然无法实现赢利。精明的凯斯勒通过分析意识到,必须扩大生产规模5倍以上才能做到收支平衡,否则无法长期运营,极有可能关门倒闭。此后的两年时间,凯斯勒努力扩大生产规模,使公司产量提高了6倍,荷兰皇家石油公司终于开始盈利,股东们喜笑颜开地开始分红。

这个时候又遇到了一个大问题:如何建立公司在远东地区的销售网络。公司做大了,必然引起竞争对手的注意和打压。当时的竞争对手主要是英国塞缪尔油轮公司和美国标准石油公司。这两家公司都有遍布全球的石油销售体系。当时,荷兰王国是一个非常强盛的大国,他们通过贸易保护主义的干预措施,强硬地将塞缪尔油轮公司赶出了东印度群岛。接下来,又驳回了标准石油公司购买矿区的申请,杜绝了标准石油公司暗中购买荷兰皇家石油公司股份的可能性以及争取控股的企图。这些方法让荷兰皇家石油公司1895年到1897年的产量增长了5倍,公司大发横财了。

此时的凯斯勒却十分清醒,他在公司内部讲话时警告:"我们必须装得很穷,否则就会引起欧洲和美国的公司关注和打压。"当时,因为标准石油公司有一个十分有力武器——降价。通过他庞大的经营规模,采取大鱼吃小鱼的超低价竞争手段,把很多竞争对手推上了绝境。在应对这些强大的竞争对手的过程中,长期紧张工作、心力交瘁的凯斯勒因心脏病于1900年去世,享年47岁。

国际性的石油商——迪特丁

1900年12月,34岁的朝气蓬勃的年轻人亨利·迪特丁接过了公司经营的接力棒。1866年,迪特丁出生于荷兰阿姆斯特丹。在学校的时候,他就显露出和洛克菲勒类似的超凡能力——记忆力超强,善于心算。因此,他离开学校以后,没有像他的父辈那样进入海洋船运,而是进入了当时荷兰人不愿意从事的银行工作。他很快系统掌握了会计和金融知识,对财务资

>>> 亨利·迪特丁

产负债表具有敏锐的洞察力。随着工作能力的提高，他来到了历史悠久的著名银行商会——荷兰贸易商会。利用远东地区各个城市的汇率和利率方面的差异，为银行挣了很多利润。

在荷兰皇家石油公司严重缺乏流动资金的时候，迪特丁想出了一个以库存的煤油作为担保进行贷款的好主意，使得荷兰皇家石油公司渡过了难关。这让荷兰皇家石油公司对迪特丁刮目相看，迪特丁也因此与石油贸易产生了交集。1895年，急需助手的凯斯勒邀请迪特丁到荷兰皇家石油公司工作，负责组建销售系统。迪特丁接受了这一职位，马上在远东各地大刀阔斧地建立起了营销网络。他立下的目标是"成为一名国际性的石油商"。

迪特丁考虑问题有一个指导原则，就是把每个问题都化解为最简单的形式、最基本的内容，这样就能够让他人快速理解，落实起来就非常容易。他在荷兰皇家石油公司的头几年，在他的脑海里有一个宏伟的想法，那就是使公司壮大起来，成为世界级的跨国石油公司，在世界范围内的殊死竞争中立于不败之地。而公司壮大的最佳途径就是兼并其他公司。

迪特丁在1900年接手荷兰皇家石油公司以后，马上着手实现他的理想目标。首先，他通过合纵连横的手法将荷兰属地的东印度地区其他主要石油生产商联合在一个新公司里，由荷兰皇家石油公司控制，其他公司各占一定的股份。这样的做法让迪特丁在实现愿望的路上迈出了一大步。其次，他开始瞄准世界级的跨国石油公司展开了攻势。1907年，英国塞缪尔的壳牌油轮公司财务状况恶化，公司掌舵人塞缪尔当起了伦敦市长而无力管理公司。迪特丁看到机会，他通过多年运作，终于达成了将荷兰皇家石油公司与壳牌油轮公司进行合并的目的。两家公司合并后，取名叫"皇家荷兰壳牌石油集团"，其中，荷兰皇家石油公司占60%股份，壳牌油轮公司占40%的股份，迪特丁初步实现了建立跨国石油公司的宏伟目标。

在此后的公司管理过程中，迪特丁展现了超凡的管理能力，他不拿资料就几乎能了解每一艘货船当时所在的位置、目的地和装载的货物，以及将要停泊的每个港口的停泊费用。这种超强的记忆与管理能力让他的前辈和合作伙伴马库斯·塞缪尔敬佩不已，塞缪尔已经完全放心地把自己拼搏了一辈子的壳牌公司交给了这个天赋异禀的人管理。

强大的皇家荷兰壳牌出现后，引起了洛克菲勒的标准石油公司极大的反感，双方开始了激烈的竞争。迪特丁别无选择，喊出了一句"到美国去的"进攻性竞争口号。他设计了两个进攻的方向：第一个方向是进军美国西海岸，他于1912年在美国西海岸建立了销售分公司，随后又参与到美国西部石油大省加利福尼亚州的石油开采中；第二个方向是打入美国大陆中部，进入美国的石油生产热土俄克拉何马州的石油开采领域。这样，迪特丁实现了他更大的目标——防御性拓展。这个时候，他终于可以大声地呼喊"我们终于在美国立足了"。而他的竞争对手洛克菲勒的标准石油公司却于1911年被迫肢解了。

三代人的接续努力，终于在苏门答腊石油泉边缔造了一个石油超级帝国，时至今日，仍然强盛无比，足以与世界上的任何跨国石油公司匹敌。而齐克尔、凯斯勒和迪特丁三代掌门人的经营智慧，仍然在给无数后来的石油公司管理者以深深的启迪。

"油"来已久
漫话石油历史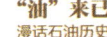

石油与科技

丝绸之路驼铃声声,"西天送经"到西方,美国人将东方的顿钻和西方的蒸汽机完美结合,诞生了近代石油工业;与中国古人将竹筒作为输送卤水和天然气不同,近代的美国人将装载威士忌酒的酒桶演变成油桶的想法,是在伴随着"美利坚石油波尔卡"旋律翩翩起舞中萌发出来的奇思妙想。然而,中国"卓筒井"叩问大地,开创了机械钻井的先河;燊海井突破千米大关登上世界钻井技术高峰,"火井王"引领自流井气田开创能源新领域,是李约瑟为世人揭开世界石油钻井技术来龙去脉的神秘面纱,向人们讲述着一场西方学者和东方科技跨越时空交流对话的故事……

千米燊海井登上世界钻井技术高峰

世界上第一口最早由人工钻凿的超千米深井起名燊海井,极富象征寓意。"燊":三火木上烧,象征天然气源源不断,生意红红火火;"海":寓意天然气与盐水同井相互交融,如大海一般汲取不完,财源滚滚而来。

>>> 燊海井外景

1988年，燊海井正式被列为全国重点文物保护单位后，井灶修葺一新，恢复了当年熬盐的真实情景，成为一道风景。燊海井于1840年鸦片战争前夕开掘成功，名列世界之冠，成为我国优秀科技文化遗产的重要组成部分，也是世界科技文化遗产中不可多得的"精品"。它综合反映了当时我国在钻井、地质、开采等方面的最高水平和最大成就，显示了我国先民的聪明才智。那具高达18.3米的天车，是中国古代科学技术宝库中的一枝独秀，闪耀着璀璨夺目的光芒。他既是世界钻井史上的一块丰碑，又好像是一位饱经沧桑的老人，向后人讲述着燊海井突破千米大关问鼎世界顶峰的传奇故事。

燊海井的诞生，有天时、地利、人和的三重因素。在古代，食盐是历代封建王朝严格专控的商品，而且盐税又是聚敛财富、充裕国库的重要来源。为此，我国古代钻井技术发明、演进及完善，不仅与社会政治、经济、生产发展密切相关，而且与自然条件、技术思想紧密相连。

北宋时期，由于社会的原因和自然条件的制约，多发盐荒，盐法日乱，盐税繁重，苛政猛于虎，民众长期处于淡食困苦之中。人们为了生活和生存，被迫寻求出路——钻井、采卤、制盐，卓筒井技术应运而生。明王朝针对盐政的"积弊"，减轻盐税，允许民间"广开小井"等积极措施，使明代后期川盐业又得到了恢复和较大的发展。

清初，为了恢复和发展四川井盐生产，放松对井盐生产的限制，允许自由凿井、自由采煎、自由贩运，采取了"听民穿井，永不加课"等积极措施。于是，川盐业获得了迅速的恢复和全面的发展，使"蜀盐始蹶而复振"。与此同时，钻井技术获得高速发展，出现了钻井、打捞、治井工具群，钻井工艺和修井技术臻于完备，千米深井大量涌现，三叠系嘉陵江组的黑卤和天然气得到大规模开发，这标志着清代钻井技术达到了高峰阶段。

其实，燊海井的开凿过程非常漫长，长达13年之久，致使那些"吃阳间的饭，干阴间的事"的能工巧匠备受煎熬，以至于廖福玉、廖燊玉兄弟在人力与岩石的艰难对话中失去耐心。他们的后人廖子良老人在谈及祖父"为山九仞，功亏一篑"时唏嘘不已：祖父他们因为打了几年也"没打穿，只好把井顶给别人，没想到，别人很快就打穿了……哎，这就是运气！"这种运气在后来的磨子井中也得到应验，一顿"散伙饭"而引发的激情喷发，成就了"天下第一大火井"的历史地位。可是"运气"就像爱捉迷藏淘气的"孩子"，令人捉摸不定，却总是在不经意间眷顾那些百折不挠、锲而不舍的人。

"运气"的降临还在于对于裂缝性的气水田的地质认识。自贡盐场一副对联云："土中生白玉，'地脉'出黄金。"就是对"山匠"查"地脉"（龙脉）作用的生动体现。早在约150年前，先民们已能凭丰富的地质学知识和钻井经验，观察出该地质构造为裂缝性的气水田，他们探索地下气、卤的来龙去脉，把井位布置在"地脉"的构造轴线上。沿着构造长轴布置的燊海井，钻穿侏罗系，进入三叠系嘉（三）主气层，打出世界第一口深井标准地质剖面，并在井深约922米处发现了大量的天然气，揭开了三叠纪嘉陵江石灰岩地层的秘密。该构造的气、卤资源，具有藏量丰富，矿种齐全，多层重叠，分合采兼有（既有卤、气兼采，又有纯气层独采），主要产层埋藏较深的特点。古人对地质构造的认识，即"地脉说"的创立，与现代地质"背斜论"的内涵不谋而合。

"运气"虽然就像一朵飘浮不定的彩云，却往往光顾那些"人和"的地方。据专家考证，接办燊海井的不属于自贡盐业的四大家族，而是由自贡长堰塘周围两家人合资开办，其中一家姓罗，另一家则完全失去了踪迹。但无论如何，自贡地区聚集着众多能工巧匠，他们如切如磋，如琢如磨，凭借"工巧匠智，令人莫测"的高超钻井技术，运用精巧的木、竹、铁制工具，在燊海井上大显身手，充分体现了先民殚精竭虑、系统思维的科学精神。

从这些钻井工程技术的应用中，可以看到先民们借鉴了其他行业（如农业、手工业）的机械技术原理，并模仿动物的动作或植物的构造或物体的形状，综合应用了社会生产中多种科学技术原理，为钻井技术的发明及发展提供了技术上的保证。如宋代卓筒井木竹（套管）固井工艺，是借鉴了古代民间用竹筒引水灌田的技术及大口盐井护壁的方法；泥筒（今名捞砂筒）的发明，是借鉴了古代冶铁鼓风装置的原理；钻井碓架的创制，是借鉴了古代脚碓加工谷物的杠杆原理；明代奇巧的打捞工具——"铁五抓"，是仿人手五根指头制作而成的。清代，井下测考工具的"木孩儿"，又是模仿人的手、脚运动研制成功的井下机器人，它是我国最早用于工业矿山井下探测的机器人；双马蹄锉，则是模仿畜马的脚掌（蹄子）锻造的钻头等。

终于，"运气"与"地气"相遇了。道光十五年（1835年），四川"盐都"自贡兴海地区诞生了1001.42米的燊海井。其125米以上井径11.4厘米，以下至井底10.7厘米。燊海井是一眼以产天然气为主兼产黑卤的生产井，曾日产天然气8500立方米和黑卤万余担，烧盐锅80余口。

知识链接

地脉说

几千年以来，先民们在自流井构造上凿井采气取卤，从实践中积累经验并升华为实用理论，开创了"地脉说"。其含义与现代地质"背斜论"相同，仅名称不同。先民应用此说，开发了举世闻名的自流井气、水田。最突出的表现：一是"高点"的确立；二是沿着构长轴布井钻采天然气；三是对构造裂缝的确定，并沿着裂缝发育地带布井开采天然气和卤水。打"断岩"（今地质名"断层"）、钻"裂缝""横缝见水""立缝见气""断岩水丰"。可见在一个半世纪以前，我们的先民已经认识到了裂缝性气、水田的规律，比西方应20世纪50年代初认识和开发裂缝性油气田要早约一个世纪。

知识链接

最早井下自动机器人——"木孩儿"

早在明末清初,我国井盐业的能工巧匠,模仿人的手脚运动,发明了一种井下自动机器人,用于盐井的探测,先民取名为"木孩儿",它是我国最早用于工业矿山井下探测的机器人,也是我国技术的典型代表。

所谓"木孩儿者,凿木略如孩儿状"。由此可知,木孩儿是用木质为材料,以人孩儿为模样,利用了连杆、转轴等机械原理,精心制作而成的。因制成后,其形"略如孩儿状",有"手"有"足",能伸缩自如灵活运动,所以命名为"木孩儿",也就是今天所说的"机器人"。"木孩儿"具有模仿人的手、脚活动的奇特功能。因此,那时在穿凿盐井和修治病井生产实践中,曾被广泛地应用。木孩儿不但可探测井下地层淡水的渗漏,考准腔口(岩层的垮塌部分),还可以测量井深。

古代盐井、油气井的钻探,条件特殊,工匠在地面上作业,全靠钻探工具不断向地下深部开拓,一旦遇到井下岩层复杂的变化,人在地上看不到,也摸不着,一旦松软岩层发生垮塌、堵塞盐井或出现井下故障,轻者处理事故耽误工期,重者将致使井报废。"木孩儿"如同侦察兵,深入"虎穴"一探究竟,一则防患未然,二则及时通报情况以便迅速处置。19世纪末,木孩儿被加以改进和发展的泥孩儿(泥娃娃)所取代。

从木孩儿到泥孩儿,从1772年前研制成功,一直沿用至1882年被下口井筒淘汰时止,已是"百岁老人",但是在后人的记忆中,他们永远是乖巧伶俐的"孩儿"。当今,上天入地的智能机器人已非常普遍,甚至可以通过给大地做CT检查(地震)判断地下矿产资源情况。不过,请记住这些为促进我国钻凿盐井、石油和天然气深井技术的进步和发展,起了重大作用的最早井下机器人——木孩儿和泥孩儿。

直到1940年每天还自喷黑卤10000多担,天然气4800~8000立方米,是一口长寿井。燊海井的开凿,带动了区域经济的快速发展,一时自贡地区呈现出"天车"林立,锅灶密布,笕管纵横,云蒸霞蔚的繁华景象。

德国当代著名学者沃基尔教授以"中国伟大的井"为题,在著名的美国科学杂志——《科学与美国人》发表一篇关于中国第一口千米燊海井的评述文章:

"150年前在地球上的中国开凿成深达一千米的井来吸取卤水制盐……这口井是积八百年之久的凿井技术——'冲击式顿钻凿井法'所创造的顶峰,其成就堪称当时世界之冠,要领先欧洲技术四百年,这一凿井技术已成为中国人引以为豪的继造纸、印刷术、火药和指南针四大发明之外的又一大发明。"

中国深井钻凿技术从自然盐泉到大口盐井,从卓筒小井到小口深井,在4000多年时空通道的穿越中,经历了凤凰涅槃般的苦难与辉煌,不断向新的高度攀登。1976年,四川石油管理局在川中龙女寺构造钻成国内第一口超深井——6011米的女基井,该井钻穿川中整个沉积岩地层。2024年3月,塔里木油田深地塔科1井钻探深度突破万米大关,成为世界陆上第二口、亚洲第一口垂直深度超万米井,标志着我国自主攻克了万米级特深井钻探技术瓶颈,深地油气钻探能力及配套技术跻身国际先进水平。

>>> 世界第一口超千米深井——燊海井

可以说,今天世界上深层或超深井的石油钻探,正是燊海井的延续和发展。从这个意义上说,人们把燊海井誉为"世界石油钻井之父"应当之无愧。

【延伸阅读】

世界钻井技术的五次飞跃

纵观整个世界钻井发展史,经历了五次重大的发明和发展。

第一次,中国北宋庆历、皇祐年间(1041—1054年),卓筒井新技术的发明,开创了现代钻井技术的先河。

第二次,明代万历年间(1573—1620年),钻井技术(系指钻井、固井打捞、修井技术)在卓筒井的基础上,又有突破性的进展。

第三次,清代道光中叶(1835年),四川自贡地区桑海井钻井深度超过了1000米,创造了当时世界上深井的纪录,这又是令西方望尘莫及的科学技术水平,为此,中国井盐钻井技术从16世纪至19世纪,仍名列世界前茅,保持世界领先地位。

第四次,19世纪末,西方发明旋转钻井技术。1901年,美国首次用旋转钻井技术开发油田。旋转钻井法研制成功,乃是继卓筒井发明之后,世界钻井技术又一大飞跃,它标志着现代钻井技术的开端。

第五次,1970年后,世界上钻井技术有重大的突破,科学钻探万米和超万米的超深井相继出现,开创了人类钻井史上的新纪元。

"火井王"引领自流井气田开创能源新领域

"烈焰隆隆出井中""高焰飞煽于天陲"形容磨子井真是恰如其分。在四川自流井大气田数千口天然气井中,磨子井产气量最高、压力最大,素有"火井王"和"古今第一大火井"之称。耸立在自流井构造的"制高点"上,其所在的自流井气田作为世界上最早投入开发的气田,开创了能源新领域。

继自贡盐场开凿千米深井——燊海井后,磨子井也是当时超过千米深的、名气很大的深井,她不仅是中国清代最大的一口气井,甚至是中国古代最大的一口气井。磨子井原名集成井,于1850年至1855年钻成,井深约1000米。据说,当时清朝皇帝甚至都知道自贡地区(气田)有这么一口"火井王",皆因她传奇的历史和巨大的贡献。

关于磨子井的来历,民间流传着这样一个故事。约在清宣宗道光三十年(1850年),一位陕西商人来到此地开凿盐井,由于地层硬(钻遇了"青矿子",即带铁的硬岩,俗称铁板岩)、裂缝大,加之井深,钻锉艰难、工程耗资甚巨,井主倾尽全部家产仍未"见功"。随后向亲友借钱继续开采,债钱用尽仍未"见功"。五年过去,商人耗尽家资也未见效果,无奈之下只得把家里仅存的家产——"石磨子"卖掉,用来请凿井工匠吃一顿"散伙饭",以表感谢和歉意。

工匠们被主人的厚道所感动,饭后,即将散伙各奔东西的工匠们又去井上捣碓,决定再帮忙干一班,以作最后的道别。不料刚踩了几脚,竟然奇迹般地凿穿了主气层。顿时,井内天然气腾空而起,吼声如雷,并顺势形成了燃烧的火焰。火势凶猛,势不可挡,宛如一座火山爆发,喷起的火焰汇成一条巨大的火龙,高达数十米。当时无法控制火势,地面上的井架(天车)、碓房等设备全部被焚毁,却也成就了"古今第一大火井"——"磨子井"一举成名。

据当事人回忆,由于火势猛,天然气来不及从井口和㿼盆气管排泄,大量的气体灌入地表浅层,随地打一洞穴,插上一根管子便可以引气烧火煎盐,当地人称为"洞洞火"。另外,气体通过一些通道(俗称通腔)进入周围的井,致使这些井里的气量猛增,也烧起了火,在磨子井周围几里之内形成一片火海。火光普照,成了不夜城,晚上走路都用不上灯笼火把。而这片区域,人们也不敢居住点灯,因为稍有不慎就会有酿成巨灾的危险。这大火一烧就是6年，直到1861年，人们用泥浆水将几十床棉絮浸湿，用于灭火，这才将磨子井的火扑灭。而用棉絮浸泥浆水灭火，也是盐场开发过程中的一大发明，并一直沿袭至今。

据推算，当时磨子井的井口压力为100千克力/平方厘米左右，初期高产约100万立方米/日，大火扑灭后，尚"烧锅四百余口，经二十年犹旺也"。1855—1936年，磨子井累计产气量19亿立方米。

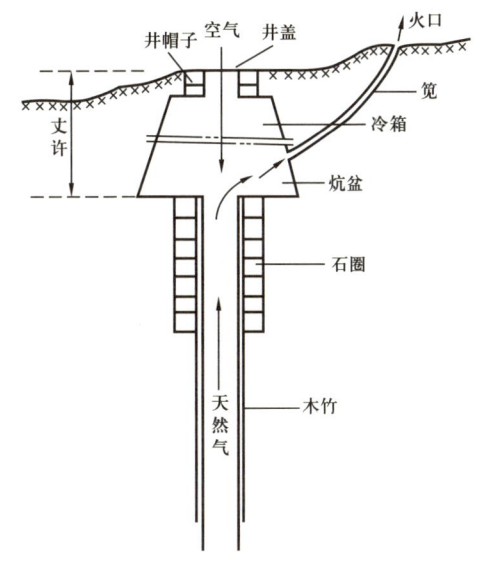

>>> 自贡盐井发明的世界最早的水气分离设备——窠盆气管（盆是一种上小、下大的圆桶状木制井口装置，在天然气开采中具有降压、安全、气水分离、排液、配气、方便作业等功能）

古代有"看榜样"定井位法。火井王和磨子井大获成功后，为四川新气田的钻探和发现提供了范例，更加坚定了人们继续向深部地层进军的信心。他们以磨子井为"榜样"，探索出在地质构造上必须"占高点、沿长轴"的找气规律，相继在磨子井地基侧新钻海顺、海旺两井，每天约合生产天然气约50000立方米，可供烧锅五百余口。成功地钻采了长期高产、稳产达一个多世纪的奇特气井——贡井东源井，该井成为井盐史和油气史上的一块"瑰宝"。当时自贡盐场出现火多水少，灶户争购卤水，卤价不断上涨的局面。清代四川富荣场盐业世家李四友堂等商家抓住机会，大量购卤，煎制火花（盐），获得丰厚利益，这为李四友堂成为"自贡近百年来著名的盐业大家族之一"，富甲于蜀，奠定了根基。

[延伸阅读]

永葆青春活力的奇特气井——东源井

在四川自流井大气田这块"瑰宝"上,有三口井分别以"深、大、长"特点而载入史册。燊海井首次突破千米大关,被尊为"世界石油钻井之父";磨子井因初期日产100万立方米可"烧锅四百余口"而被戴上"火井王"桂冠;东源井以长达100余年间产气量不衰,而荣登"寿星井"宝座。

东源井可谓命运多舛。该井早在清代咸丰八年(1858年),便开始拓荒创建,1894年初步建成投产,后因故断断续续,边钻井边生产,于1935年最终建成。完钻时井深935.88米,钻至三叠系雷口坡组气层,获得了丰富的天然气。迄今已100余年的生产历史,累计产气近6亿立方米,现今一直保持长盛不衰,稳定生产,名列自贡盐场气井群井之冠。

世界上开采石油及天然气的国家,都把油气井生产期的长短、产量的高低,作为衡量本国石油技术先进程度的重要标志之一。如罗马尼亚一口石油井自喷时期超过100年以上,罗马尼亚人把它作为国家的骄傲。由此可以说,东源井开采已在一个世纪以上,并且至今仍盛产不衰,也是国人引以为豪的一件事。

东源井为什么能够保持长期高产和稳产?经专家研究认为:一是"先天造就"。即地下地质条件得天独厚,井位选定处于地下气卤丰富地带。二是"后天促成"。即高超的钻井技术,凿井质量高,有利于保护气层。三是先进的采气工艺、精心的管理和维护,因而,促成了这眼井长盛不衰,成为一眼世界级罕见的奇井。

石油与科技

>>> 富荣场钻井现场（18世纪至20世纪20—30年代，四川自流井气田的钻井井架星罗棋布）

随着深部天然气采掘实践经验的积累和理论的创新，自流井气田的开发进入了崭新的时期。四川人民在邛崃境内开发了面积达55平方千米的世界上最早的自流井天然气田，创造了一套从地质凿井、开采（采气采卤）、集输到天然气利用等方面比较完备的工艺技术，与此同时，也逐渐形成了一套比较严密的、与大规模生产相适应的生产组织和劳动分工的系统工程。

当时,在自流井气田上从事生产作业的人员已经达到了三四十万人之众。生产组织管理,有"井、灶、笕、号"诸管事,即凿井、制盐、制笕、销售等专业分工。木质井架高耸云天,气井、盐井星罗棋布,竹制管道绵延交织,人声、牛声、气声、机声四起,群嚣贯耳,一片繁忙景象,声势之浩大,场面之壮观,在人类古代生产发展历史上实属罕见。

清康熙年间发明的"盆"采输装置,具有降压、配风、混合、气水分离、防爆、防洪排水等多种独特功能,用于气水同产井的处理。尤其是一面进行井下作业(采卤、钻井、修井等),又一面进行地面采气,即作业与采气两不误的功能,确保了气、卤资源综合开采,合理利用,做到"地尽其力,物尽其用",这就是当时的"低压天然气采气技术"。

>>> 中国古代自流井气田景观模型

石油与科技

>>> 木制井架与天车

通过该项技术，天然气和卤水在井口分离后，再通过笕分别输送。为了输送卤水和天然气，古代劳动人民还用竹子和木料制作成管材，管外缠上竹篾条，用桐油和石灰填堵缝隙，使外面的雨水浸不进去，里面的卤水和天然气也漏不出来。据文献记载，这种称之为"笕"的竹木制造的集输管道在当时的自流井气田已达12条之多，总长度达二三百里。"笕"的规模宏大，形成了专门的行业，当时在 自流井已有"十大笕号"，专门从事管道制作、维护、管理的人员有一万多人。

《川盐纪要》刊载的一幅《自流井盐水过笕图》中，管线凌空架设，翻山越涧、绵延交错，十分壮观。当时自流井有水笕（输送卤水）、火笕（输送天然气）共1000千米以上（其中火笕300多千米），一条笕最长可达10千米。

>>> 古代沿山架设的竹制输送管道——笕

几百年前，中国古代劳动人民在四川自流井气田上建成了能上高山、能下深谷、逾山越水、畅通无阻的集输管线。在没有无缝钢管和机泵的时代，人们创造性地用竹、木为载体，能在外不浸水、内不泄气的密封状态下，将天然气畅通无阻地输送到灶房煎盐，这项制管和管道运行的输气系统工程，无疑是一项伟大的创造，标志着我国古代天然气开采技术居世界先进水平。

自流井气田是人类历史上第一个进行大规模开发的天然气田，磨子井，无疑发挥了榜样和先锋作用。这个气田，虽经千百年连续开采，已采出天然气多达 331 亿立方米，但至今仍有强大的生命力。

德雷克用蒸汽机驱动顿钻诞生近代石油工业

1858年,美国宾夕法尼亚州一个贫瘠的小山村泰特斯维尔笼罩在严寒的包裹之中,德雷克等人把钻探盐井的顿钻设备耸立在一块有石油露头的农田里的时候,仿佛看到了滚滚财源顷刻间从大地深处喷涌而出,冲撞得他热血沸腾。然而,陆续招聘来的井盐工却丝毫看不到把挖盐的技艺移植到找油上来,能够有发大财的希望,这使得嗜酒如命的盐工们一个个地离开了"发神经"的德雷克。

>>> 美国宾夕法尼亚州的德雷克钻井发动机房与井架现场(德雷克油井博物馆原地复制)

面临盐工们的离去，以及投资商撤资的威胁，德雷克没有退却，这个因病离开铁路客车列车员岗位的"上校"（其实是银行家汤森送给他的"绰号"，以便给当地的荒野村夫更深刻的印象），其实并不了解石油和石油开采知识，更谈不上石油开采技术了，但他天性好奇，富有激情，敢于冒险，勇于探索，有着坚如磐石锲而不舍性格力量。他坚信地下石油的潜在价值，绞尽脑汁地寻找尽快发财的手段。

或许正是来自这种信念的驱使，使德雷克灵机一动，突发奇想：把顿钻装上蒸汽机，岂不是大幅度提高速度。

蒸汽机已经在美国社会生产的各个领域得到了广泛应用，钢铁工业、机器制造业、铁路运输业、航海业已经相当发达。由于钢铁冶炼技术和机械制造技术的进步，生产出了轻巧的新型顿钻钻机。德雷克当年使用的就是这种新式钻机。经过一番周折，他将挖盐的顿钻与蒸汽机结合在一起的试验终于获得成功，他仔细打量着这个完美的杰作：用蒸汽驱动的轮盘，在轮盘上绕一根缆绳，缆绳的一端连接着一个铁制钻头。轮盘转动，缆绳及其滑轮装置上升，让其自由落下到地面，来回反复，就可以挖出一个洞。

在美国，德雷克不但是将顿钻用于钻油井的第一人，也是把顿钻与蒸汽机结合的第一人，从而奠定了这位世界石油工业先驱者的地位。当然，德雷克当时并没有意识到，这种结合，就如同把瓦特发明的蒸汽机与车轴辘有机组合而诞生汽车工业一样，从此揭开了近代石油工业的发展序幕；他更没有意识到，这种结合，正是中西方科学技术融合而结出的丰硕果实。

转眼到了1859年初春的一天，在德雷克主持下，刚雇用的铁匠威廉·史密斯及其两个儿子，正式启动了6马力（约合4413瓦特）的蒸汽机，带动顿钻向地层钻进。钻进并不顺利，不断塌方出现，好在铁匠史

石油与科技

密斯拿手本领是铁匠活,可以根据现场需要,制作各种铁制机具。同时,他们还向钻洞里打入一根管子,再从管子里进行挖掘,使钻洞周围的水和岩土散落物,不会阻碍钻头的前行。这一做法诞生了套管技术,成为现代石油工业钻井套管的原型。其实,这就是中国"凿地植竹"翻版,只不过他们把竹子变成了铁管,也使石油钻井和钢铁联系在一起。

>>> 宾夕法尼亚北部大地上拔地而起的德雷克式木质井架(何丽萍绘)

1859年8月，当钻至地下20多米深处时，井下出油了，日产油35桶（约5吨，1吨约折合7.2桶）。德雷克装起一架简易手摇泵，开始抽起油来，身边的浴桶、脸盆、酒桶，全都装满了油。1859年8月27日这一天，后来成为美国也是世界第一口石油井诞生日，德雷克井作为美国也是世界石油工业的开创者被载入了史册。

"德雷克油井"出油的消息，迅速传开了。人们从四面八方涌向宾夕法尼亚，掀起了一场购地钻油的"淘金热"。他们有个绰号叫"野猫钻井者"。随之而来的是运输人员、提炼人员、商人、经销商、银行家、投机分子及经常出没的骗子。后来，围绕石油的"淘金热"愈演愈烈，席卷全美。石油"黑金"的狂热，使许多人离乡背井、拖家带口到石油开采地寻找工作机会，结果却是就业无望。有些石油小镇，由于淘金者的蜂拥而至，人口已膨胀至4万多人。人们没有落脚地，就住在房车里，或在野地里搭帐篷，甚至干脆睡在教堂内。德雷克式的木质井架如雨后春笋般在宾夕法尼亚北部大地上拔地而起，涌现出了一大批靠石油繁荣起来的小镇。不少人因石油发财，一夜之间成了暴发户。

在德雷克去世21年后，1901年，美国得克萨斯州采用了旋转钻井技术，钻成了美国第一口旋转钻井井。旋转钻井这一划时代的事件，改变了世界石油工业的进程，大大加速了石油工业的发展。

"变废为宝"与"商业运作"点亮万家灯火

萨缪尔·M.基尔被称为炼油业的创始人，詹姆斯·C.布斯被认为是石油业界第一位化学家，西利曼的研究成就称得上是"石油商业发展史上的转折点"。他们联手进行试验、炼制，使得石油"变废为宝"，点亮千家万户的灯火，成为美国市场上最大宗的交易商品。

解开石油的秘密

基尔本是匹兹堡卖药的商人，他还拥有煤矿和铸铁工厂，另外还是匹兹堡费城某航运公司的发起人之一。多年来，他经营着宾夕法尼亚塔兰屯附近阿列汉尼河边的盐井。有些盐井渗出原油，盐场主把它们作为无用的副产品，扔在河里。黑乎乎的原油让行船的人避而远之，人们像躲瘟疫一样想方设法远离它们。

然而基尔却发现，这些石头油是缓解头痛、牙痛、失聪以至肠胃不适、寄生虫、风湿痛、浮肿等各种病痛的民间药品，还可医治骡、马背部的伤痛。基尔则从中看到了商机，他如获至宝，用勺子舀，或者用破布片和毯子吸油的方法，将乌黑有臭味的原油收集起来，装在玻璃瓶里当药卖。

基尔又想：这些莫名涌出的魔液，能安慰我们的痛苦，解除我们的悲伤，具有治病的"神奇的疗效"，那么它的神奇之处的奥秘究竟在哪里呢？为了探究石油的药用奥秘，他决心研究石油并将它们变成更为有利可图的产品。于是，他弄了一些原油样品，拿给詹姆斯·布斯教授（他是美

国化学学会的主席）研究，为塔兰屯的原油找出路。布斯在实验室里做了实验，确认原油可通过蒸馏分离成几个部分，每部分都含有不同碳和氢成分，其中的一种就是高质量的、用以发光照明的油。他还给基尔画了蒸馏釜的草图。因此，布斯也被认为是石油业界第一位化学家。

基尔按照布斯的草图，成功地应用蒸馏的原理，制造出美国第一只蒸馏釜加工原油。这个"聚宝盆"，直径110.5厘米，高142.2厘米，容量0.8立方米。釜内盛塔兰屯原油，釜下烧煤炭。釜里产生的油蒸汽通过小管子进入盛水的桶，冷凝为浅黄色的煤油。1850年，基尔在匹兹堡第七大街上开始出售灯用煤油，卖价每加仑1.5美元。这种油点燃起来很亮，但是有一股难闻的味道。

纽约的一位咖啡和香料零售商费里斯看中了这种灯油，买了12加仑回去。他想出了去除异味的办法，用硫酸和苛性钾加以处理生产出的成品油呈柠檬色，近于无臭，这种灯油大受欢迎。他称这一工艺为"煤炭—石油"工艺。于是，他到处寻找原油，扩大原料来源。首先，他买下了基尔的塔兰屯盐场产的全部原油。接着，派人到加利福尼亚、荷属东印度等地去调查，承诺按每桶20美元收购。在加拿大，费里斯找到经营恩宁斯基林油田的杰姆斯·米勒·威廉姆斯，向他收购原油。1858年，费里斯加工了1183桶（约161吨）原油，成为美国当时最大的炼油商。

偶遇中的机遇

自古以来，西方人夜间照明依靠动物油或植物油加一根灯芯点燃获取，但其光线太弱。松脂油光照效果好，但却易燃，并可能产生令人生畏的爆炸。质量最好的照明用油是抹香鲸鱼油，但价格昂贵，普通人消费难以接受。而且随着需求的增加，近海可以捕捉的抹香鲸越来越少，鲸鱼油价格也越来越贵。近代石油工业出现以前，人们一直在试图寻找一种价格低廉且效果俱佳的照明用油。

无独有偶,曾从事大学教授、新闻记者、中学校长的乔治·比斯尔是一位善于捕捉商机的高手。1853 年他因病被迫迁居北方,回家的途中顺道回到母校达特茅斯学院。在一位教授的办公室内,他敏锐地发现一瓶宾夕法尼亚石油样品。这瓶石油是几个星期前另一位达特茅斯学院毕业生、在西宾夕法尼亚乡村行医的医生带来的。

比斯尔如获至宝,直觉使然:如果石油不仅可以药用还可以照明,合理开发推广,他就极有可能脱贫致富。他的想法与投资人一拍即合,1854 年底,他们请耶鲁大学教授西利曼分析石头油作为照明物和润滑剂的特性,得出了与布斯教授基本相同的结论。所不同的是,他们一开始就与投资商结合并瞄准油源,当 1859 年 8 月 27 日,德雷克井出油以后,西利曼的研究成就开始大显身手,上下游产业相伴而行,几乎无缝对接。正如一位历史学家所指出的,西利曼的研究成就称得上是"石油商业发展史上的转折点"。

>>> 俄亥俄州日内瓦城石油商人阿瑟·贝茨驾着油罐马车挨家挨户送煤油

　　宾夕法尼亚的油井越打越多，马车拉油变成了铁路运油，铁路运油又变成了管道输油，源源不断的石油通过炼油厂变成煤油，再通过商业渠道，运往美国四面八方。短短几年工夫，煤油就成了美国市场上最大宗的交易商品。

"石油波尔卡"催生从酒桶到油桶的蜕变

德雷克"上校"率先在宾夕法尼亚商业开发石油的同时，42加仑的木桶在偶然间被用于石油运输，开创了世界石油罐装运输的先河。这种用于威士忌酒交易的木桶，成为世界石油市场沿用至今的生产和消费基础计量单位。

不同于中国古人将竹筒作为输送卤水和天然气，美国人将酒桶演变成油桶的想法，是伴随着"石油波尔卡"旋律翩翩起舞中萌发出来的。

自从德雷克油井出油后，淘金热高潮迭起。最初他们用一只容积为8桶（约1.1吨）的、鲸鱼皮制成的油桶当储油罐。鲸鱼桶不够用，就在井场旁边挖一个坑，让原油流进土油池存放。

望着滚滚而来的石油美元，他们痛饮威士忌欢呼雀跃，把盛装威士忌的酒桶作为打击乐。在"石油波尔卡"旋律中，酒桶变油桶的念头油然而生，自此酒桶作为容器登上了石油工业的舞台，诞生了作为计量标准的"加仑桶"历史。

此后，原油储运和交易以木质酒桶为主要包装形式，一节马车能装8桶油。车夫、马匹、车和木桶将原油从井架边输送到火车站和码头。

木桶作为基本的盛油容器，初期没有统一的规格，大小不等，大的有50加仑，小的只有30加仑。1860年，石油溪的20家石油生产商提出：出售原油应使用统一标准，可按每桶40加仑、外加2加仑作为对买方的优惠，即每桶为42加仑。

知识链接

桶

桶是一个容积单位，一桶合 42 加仑。吨是一个质量单位，桶和吨之间的换算也就是容积单位与质量单位之间的换算，具体如何换算则涉及石油的密度。不同地区开采出来的石油品质不同，密度各异。一般说来如油质较轻（稀），则一吨石油约合 7 至 8 桶或更高；如油质较重（黏），则一吨石油约合 6 至 7 桶或更低。如以沙特阿拉伯轻质原油为基准，则一吨石油约合 7.33 桶。

1870 年，洛克菲勒成立标准石油公司，大批量使用自己制桶厂生产的"标准"油桶，而且把木桶喷成蓝色与其他厂家区别。1872 年，美国石油生产商协会作为行业公会确认 42 加仑容积的木质桶作为计量和交易的统一标准单位。10 年后，美国联邦政府正式确认该标准的法定地位。这种用于威士忌酒交易的木桶，成为世界石油市场沿用至今的生产和消费基础计量单位。

直到 19 世纪 60 年代，人们把木桶"放大"，在油田上制作了许多大大小小的木制储油罐。1861 年，艾金（Akin）建造了一具带箍的圆桶形油罐，建在泰特斯维尔以南金斯兰洼地上，罐底直径 8 英尺（约 2.44 米），高也是 8 英尺。这也成为储油罐的雏形。

>>> 油桶（何丽萍绘）

石油与科技

"潮水管道"与洛克菲勒的生死之战

1861年,美国第一家炼油厂投产,出口的第一批石油用木桶装运,经美国费城跨越大西洋运往英国伦敦,开始了全球石油海洋运输供应消费的历史。今天如果说水(海洋、湖泊、河道)运、公路运输、铁道运输和航空运输为世界四大运输系统,那么今天蓬勃发展的管道运输,则是世界第五大运输系统,其开创者和发明者就是德雷克"上校"。

自1859年8月27日,美国第一个油田投产不到半年,就有了24口生产井。1860年生产原油9万吨,1866年产量达27万吨。这么多油往哪里放?用什么运输?这些成为当务之急。

德雷克等石油生产商雇用马车,把一桶桶原油运到河边,装上平底驳船,沿阿列汉尼河顺流而下,到达匹茨堡。那里有多家炼油厂。驳船成为第一种"长距离"运输工具。1861年初,"石油城"一带已有15艘蒸汽船来拖运驳船。丰水期河上船只来往如梭,十分繁忙。但在枯水期,船就不能航行,石油运输又陷入了困境。

伴随着油田规模不断扩大,载运油桶的马车夫们驾着马车在油区拥挤的泥路上辘辘而行,不仅人为地造成一条瓶颈口,而且占据了垄断运输的地位,他们向货主们勒索高昂的运输费用。一桶石油从油井到火车站几英里烂泥路的运费,比从西宾夕法尼亚一直运到纽约的铁路运费还要高。

马车夫门对运输的垄断勒索导致产生一项独创性的发明——用输油管取代牲畜拉的车。1863—1865年间,采用的是木质输油管,类似中国古代在四川自流井地区竹、木管道输送天然气和卤水。这种有效便捷的运输石油的方式，价格也低得多。车夫们的生计受到挑战，就以武装袭击、纵火、破坏等相威胁，但为时已晚。1866年，油区内的大部分油井都铺设了输油管，把石油输送到和铁路连接的一个大型的系统装置后再运出去。

>>> 1859年石油溪上的运油船

1865年，采油生产商赛缪尔·范·赛克尔，在油区里铺设了世界上第一条铁制输油管道。这是用螺栓把一根根2英寸（约5.08厘米）直径的熟铁管连接起来，从皮托尔镇到米勒农场火车站，全长5英里（约8千米），埋入地下2英尺（约0.6米）深。首站上用2台蒸汽机带动的泵压送，日输油量达800桶（约40000吨/年），每桶油运价才1美元，于是，这里很快布满了短程输油管线，把油输送到车站。管道运输，既方便、又省钱，促进了石油管道输送业务的开展。

19世纪70年代，标准石油公司在美国确定了统治地位。1879年，标准石油公司控制了美国炼油能力的90%，还控制了油区的输油管和汇集系统，并握有运输的支配权，洛克菲勒对取得的胜利却高兴不起来，因为他已经预料到，对他怀恨在心的竞争对手正在发动一场蓄谋已久的进攻。

为了打破和挣脱标准石油公司令人窒息的禁锢，宾夕法尼亚产油区的一部分石油生产商联合起来建造了世界上第一条试验长途输油管道，名为"潮水管道"。计划管道从油区向东行进，直至与宾夕法尼亚铁路会合。为了避免标准石油公司来横加阻挡，加快铺设速度，石油生产商使用虚假的图纸，同时还派出了假勘测队以声东击西，让标准石油公司弄不清实际路线。尽管有人质疑管道能铺设成功，然而到1879年5月，石油在管道中确实流动起来了。长输管道从宾夕法尼亚的格里维尔到威廉港，日输油能力10000桶（约50万吨/年）。这一重大技术革新开创了石油史的一个新阶段，管道成为同铁路争夺远距离运输的主要对手。修建管道的领头人是当时的纽约州州长宾森，他也是一位投资商。

"潮水管道"的成功及其在运输方面带来的变革使洛克菲勒猝不及防，意味着生产商现在可以绕过标准公司了。标准石油公司对石油行业的控制地位再度面临挑战。

19世纪末，宾夕法尼亚州铁路公司把原有的输油管道进行合并，还建起了专门的仓库和储油设施，形成了革命性的输油管道运输系统，几乎颠覆了当时的石油运输模式。在洛克菲勒看来，这种行为无异于"宣战"。

叱咤风云的标准石油公司当机立断，迅速采取反制行动，在很短的时间内开工建造了从油区至克利夫兰、纽约、费城和布法罗的四条长距离输油管道。不到两年，标准石油公司又成了潮水输油管公司的次要股东，至此，标准石油公司几乎控制了进出油区的每一英寸输油管道。

>>> 洛克菲勒创办了标准石油托拉斯

然而，油区的产油业主们又使出一个撒手锏，那就是通过政治制度和法院控制住这个巨人。他们在宾夕法尼亚发起了一系列的法律诉讼，并企图把洛克菲勒引渡到宾夕法尼亚接受法律制裁。但洛克菲勒使出全身解数，迫使纽约州长作出不批准引渡的许诺，起诉意图最后还是失败了。

洛克菲勒惊魂稍定，就通过战略投资、技术改进、市场营销等一系列措施，成功破解了"潮水管道"带来的挑战，实现了对原油运输的垄断。洛克菲勒顺势成功把自己的触角覆盖了从石油开采生产到运输的方方面面。

一头连接着油田，一头连着市场的管道运输业，促进了石油工业一体化的进程，世界第五大运输系统也由此形成。

土法上马的中国第一座炼油厂为抗战"输血"

1905年,清朝政府在陕西省延长县创办"延长石油厂";1907年9月30日,延一井打成出油,"中国陆上第一口油井"诞生;10月26日,延长第一个炼油房也投入生产,从此拉开了中国大陆石油勘探开发炼制的序幕。

延长石油厂所炼制的灯油,"胜于东洋,能敌美产"。这个消息轰动了中国,震惊了世界。可是,在"三座大山"的压迫下,延长油矿变得日益萧条,成了一个"烂摊子"。

1935年,延长解放。延长油矿回到人民的怀抱,收归公有,归属陕甘宁边区政府。抗日战争和解放战争期间,延长油矿在边区政府的支持和关怀下,克服重重困难,恢复扩大了生产。

>>> 建立于光绪三十三年(1907年)的延长石油厂

七里村炼油厂是从炼油房的薄弱基础上发展起来的,原来只有大小两套老式单独釜炼油。装锅、烧火、出油、分蜡,全部都是土法上马,手工操作。炼制出煤油、擦枪油、蜡烛、石墨等产品,供应党中央机关和红军各部队。他们自制的凡士林,为红军战士治愈长征途中落下的脚伤发挥了重要作用。

1938年2月，陈振夏（1904—1981年）从上海辗转到延安，受党组织派遣，到延长石油厂担任技正和工程师，成为延长石油厂生产负责人。

为了解决燃料问题，陈振夏带领工人上山砍柴，开荒种地。不久，他们找到了煤炭，不用砍树，保护了山林，提高了效率。他们还用蒸馏釜里清理出来的锅巴、油土，掺上碳沫制造混合燃料。一锅这样的燃料，可抵石炭225公斤。

为了加快炼油速度，陈振夏在炼油釜里钻出钻进，反复研究，改敞口小火脱水为加盖大火脱水，每炼一锅油可缩短2小时左右。为解决材料问题，陈振夏想尽了办法：用石灰代替石棉，用动物骨灰代替硫酸，用玻璃屑代替气门砂。因七1井、七3井打出旺油，加工设备明显不够用，陈振夏带领职工利用业余时间，取出美国人在延长打井时下在井里的20多根12英寸的套管，经破开展平，铆制了4口炼油锅、1台蒸汽锅炉，不但解决了原油加工设备不足的问题，还顺便增加了打井设备。月炼油量达到15000小桶，比原来每月2700小桶增加了5～6倍。

陈振夏经常自加压力，不断扩大再生产。在努力提高炼油量的同时，陈振夏还在增加成品油种类方面下功夫。他从实际出发，与工务科长顾光

>>> 炼油釜（王志明供图）

研究生产黄油。他们以重油为原料，经过10多次试验，终于试制成功，投入生产。这一新产品的诞生，使陕甘宁边区各种机器所需要的润滑油实现自给。更可贵的是能变废为宝，掌握用油渣提炼油墨的技术。

>>> 人力吊油（王志明供图）

1941年12月，陈振夏被正式任命为厂长，厂里职工也发展到上百人，并且修建了石窑、工房、制蜡冰窖等，成立了修理部，修配机器、研制锅炉和炼油锅。

延长的原油含蜡较多。提炼出的白蜡油先在冰窖中（冬季采挖延河大冰块储存）冷冻，再装入由羊毛织成、白细衬里的蜡包中压榨。剩余的软蜡放在洋铁盘中，在热炕上烘融，除去其低熔点部分。最后剩下的硬蜡经骨灰脱色，制成白蜡片，再用老焊工何延年用镀锌铁片制成的烛模，浇出洋烛，每个模具出20支蜡烛。蒸馏出的机油需兑入一部分蓖麻油以增加其黏度。

"要运油,先修路"。他们自己动手修通了七里村至延长城的汽车路,并和当地群众一起修通了延长城至石马科煤窑全长30多千米的马车道。那时,炼油部设在延长,水坪的原油采出后,要装进油瓶,用牲口运到延长炼制。每月运送5次,每次装2000余斤,每运送一次需要5天时间。在生产中没有运油工具,职工用柳条编制外壳,用厚纸裱糊里层,涂以桐油猪血,制成许多驮油篓子,把大量的灯油和石蜡用毛驴运往延安和边区各地。

1943年,中央军委后勤部为解决战时油品的储备和延长石油厂储油设备不足的问题发出通知,要求各机关、部队自备容器,至少储存半年自用的煤油和汽油。同时还规定,各机关、学校凡来油厂驮成品油的,每匹牲口必须带来一驮子石炭,由油厂收购。不仅解决了油厂的燃料供应问题,而且促进了当地经济的发展。

在艰苦的抗日战争年代里,延长石油厂就是这样发展生产,支援抗战的。原油产量由1934年的44吨,增长为1943年的1279吨,为建矿以来最高纪录。1939年至1946年,生产原油3155吨、汽油163.943吨、煤油1512.330吨、蜡烛5760箱、蜡片3894千克。实现了毛泽东同志关于"增加煤油生产,保障煤油自给,并争取一部分出口"的指示,使煤油产量"足供边区消费而有余"。充分保证了八路军前方、后方兵站的运输车辆用油、电台用油,以及党中央、边区政府各机关、学校、部队、团体的照明用油,对抵制国民党政府的经济封锁,争取抗日战争的胜利作出了重要贡献。

王进喜从"十斤娃"到"油娃"的华丽转身

铁人王进喜小时候有一个名字叫"油娃"。他后来经常把自己发展石油工业的理想，说成是要抱个"大金娃娃"，这肯定和儿时形成的印象有关。至今石油人仍然将发现油田形容抱了个"金娃娃"，上海世博会石油馆的吉祥物就是"油宝宝"，深得世界宾客喜欢。殊不知，这些称谓都与"油娃"王进喜有着千丝万缕的联系。

最早发现并向外传播"油娃"故事的，是美国石油地质学家韦勒博士。1937 年 6 月，我国地质学家孙健初和韦勒博士、萨顿工程师一行，组成西北地质矿产试探队，从上海出发奔赴大西北。历尽千辛，一路跋涉，于 10 月初来到玉门石油河河畔的老君庙。

玉门老君庙海拔 2300 多米，位于祁连山北麓，山上的冰雪融化而汇流成河，河水像刀子一样将山前的戈壁切成千仞绝壁，百米深的山谷，绝壁上流出的油苗把大片的河滩和下游戈壁浸成黑色。老君庙就坐落在山坡的平坝上。

试探队考察石油河两岸地层的断裂情况，发现了干油泉。与此同时，他们还结识了在这里用土法挖油的赤金人，这里边有一个浑身油黑的十几岁的小孩。几位科学家不知道这个小孩的名字，就管他叫"油娃"。

韦勒博士在 1937 年 10 月给家里写信，叙述了玉门老君庙地区的自然景色、含油情况和开发远景，还以兴奋的心情描绘见到"油娃"的情形：

"我和弗富德、孙健初走到山下,在河边的一个小石头房子前停住。这里住着一些工人,他们每天负责收集原油。他们一共3个人,还有一个10多岁的小孩。这个小孩只穿一件很破的皮袄,下面刚到膝盖。因为一天到晚和原油打交道,浑身都是黑色。他大概从来没洗过澡,一身原油只有用砂纸才能收拾干净。也许正是这种周身的保护层才使他免受严寒之苦。"

1991年10月,韦勒博士的女儿——美国作家哈瑞特·韦勒访问玉门油田时,向陪同人员询问这个油娃的下落,还说出了他的外号叫"石油头"。当时大家都认为这个"油娃"就是铁人王进喜。

其实,王进喜的乳名叫"十斤娃"。1923年10月8日,在甘肃玉门赤金堡王家屯庄降生的这个婴儿,被父亲王金堂放进"筛子"(一种装新生儿的器物)上称一称,刚好十斤,于是起名"十斤娃",后又起名叫"进喜"。

>>> 王进喜出生

农村的生活很艰辛,给苦命的"十斤娃"带来一条活路的是到"老君庙"那里挖金、掏石油。聪明的赤金人很早就和石油结下了不解之缘。据史书记载,同治元年(1862年)赤金人到玉门鸦儿河一带去采金,同时把地下冒出的石油收集起来,用来点灯、膏车,还把鸦儿河改名为石油河;第二年又在河畔修了一个15平方米的小庙,供奉老君,祈求神的保佑。以后就陆陆续续有人到老君庙一带去淘金,去开掘石油,销到河西、兰州等地。

>>> 玉门赤金堡王进喜故居
（修缮前）

王进喜14岁时到老君庙开始挖油，他学着别人的样子，在有裂缝的地方挖个大深坑，等着石油像井水一样往外渗，积多了再去往外舀；再一个办法，就是在山岩缝里用手扒、用瓦片刮，一点点地把油积攒起来。冬天用筐子、夏天用瓦罐装上，用毛驴驮运到敦煌、高台去卖钱换粮食。

王进喜整天与原油打交道，弄得浑身上下全是油。没什么洗，就在石头上蹭、草上擦，后来逐渐形成一层亮晶晶的壳。加上烟熏火燎，满脸也是油黑油黑的，成了地地道道的黑油娃。不过，他那时是个光头，当地人就摸着他的头，叫"石油头"。而孙健初这些科学家则喜欢称他为"油娃"。

第二年的12月，孙健初、严爽、靳锡庚又来到老君庙，孙健初一眼就认出几个孩子中就有"油娃"。

他们看着这些孩子可怜，心想，总不能守着金饭碗要饭吃。如果用土办法炼油，既能帮助解决"油娃"的生存问题，又能解决将来油矿汽车采购用油难的问题。于是，决定将孩子们的三个油苗坑买过来，想办法多出油、多炼油。

靳锡庚指导工人在悬崖下露头的岩壁上顺着油层对着油苗挖了三条平巷（被称为平硐），巷道用木柱支护，被称为石油坑道。靳锡庚过去在煤矿工作过，他把挖煤的方法移植过来了。这三个平硐每天可产出原油一吨多，相当一口浅井，比当地人挖坑舀油多出十多倍油。出油后，他们用一个七八十加仑（三四百升）的圆铁桶当炼油炉，骆驼草当燃料，每天可炼出5加仑（23升）汽油。

这点汽油放在现在可能觉得微不足道，可在当时这些油就够卡车跑一趟酒泉城了，不然还得从西安买油，而且也非常难买。自己能炼出汽油了，试探队队员心里别提多高兴！

王进喜1938年进入旧玉门矿当童工，正式开始石油工业的生涯。王进喜进矿虽然仍是出大力、做苦工，但他却是从小农经济的田地走进了近代工业的新领域；赤金人也由个体农民进入了工人阶级队伍，开始了向无产者的转化。

人们说，如果王进喜没有从"十斤娃"到"油娃"的"华丽"转身，"铁人"的人生可能是另一种样子。

>>>铁人王进喜（邓廷尉拍摄于1965年）

李约瑟揭开世界石油钻井技术源头的神秘面纱

"我在抗战期间,曾有幸访问四川省自流井。我当时看到在周围毫无工业可言的古老文明的海洋中,居然出现一片工业区,又看到许多了不起的操作景象,真是非常激动。"李约瑟博士在《中国科学技术史》中,详细地记述了他1945年1月参观自流井钻井技术和天然气煮盐生产的情景。

>>> 李约瑟

1943—1946年,李约瑟担任英国驻华使馆科学参赞和筹建"中英科学合作馆"期间,收集撰写了关于中国科技史的大量资料。这是他了解和研究中国科学文化的最好时机,到我国许多地方做了实地考察。他说:"我几乎走遍了整个中国。"从中描摹文明古国石油钻井技术之源和中西交流之举,是他此行的目标之一。

1943年8月7日，李约瑟从重庆出发经西安开始沿着丝绸之路向玉门油矿挺进。同行的还有国际友人路易·艾黎和著名画家吴作人。

9月23日，他们吃尽那辆两吨半的雪佛兰卡车缺油、抛锚之苦后，终于来到祁连山脚下。李约瑟惊喜若狂，在日记中写道："这是个神奇的地方，渺无人烟，背后是无垠的戈壁，迎面是玉门山的白雪素裹的高峰。接着是绵延不断长满了灌木丛的沙漠和通向大山的干涸的河床，漂亮的雪原清晰可见。从山脚下偶尔能见到高耸的油井架和喷出的股股蒸汽，如同小说所描绘的那样。"

这里简直是"世外桃源"，日本战机没有"光顾"玉门油矿既定目标（据分析是因为油料不够的缘故）。"死里逃生"的几台钻机耸立在沟壑戈壁之上，势不可挡地向地层深部进军。

>>> 李约瑟考察时乘坐的卡车

李约瑟看到的是"三代同堂"的钻机。第一代钻机是1939年3月从延长油矿调来的两台由德国和美国制造的冲击式钻机（通常称为顿钻），动力为蒸汽机，井架用木头钉成，钻井最深可达200米。第二代钻机是1939年下半年开始陆续从各煤矿、油矿调来的5台德国造的旋转钻机，钻深能力800米左右。第三代钻机是1941年从美国进口的艾迪尔-30型钻机。幸免于难的2台钢制井架高39米，钻深能力1000米。更新换代的这些钻机技术性能在当时属世界领先水平。

>>> 玉门第三代钻机

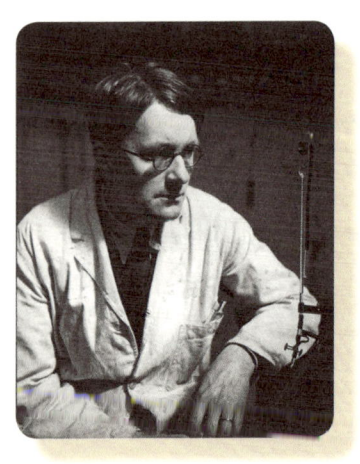
>>> 李约瑟

甘肃油矿局从美国订购的12套钻机，因太平洋战争爆发而损失惨重，运回的设备只拼凑了3套半钻机，炼油设备一部分也在途中被炸毁，令李约瑟扼腕叹息。

李约瑟说他在玉门"受到孙越崎、邵逸周的热烈欢迎。这里有许多朋友，如地球物理学家翁文波和地质学家卞美年。"

李约瑟在玉门进行4天关于"地球物理学和碳氢化合物化学"的参观考察后，

深刻感悟到这些从西方学习归来的精英,所具有的家国情怀、开放的眼界、道德的力量、上下求索的精神,构筑抗战时期的"科学前哨"。

12月20日,李约瑟致函(英文)资源委员会主任翁文灏,报告了他赴玉门考察的情形,并表示:"我将尽一切力量尽快支援他们一些基本的研究仪器设备,化学制品和书籍。在油矿时,我还非常愉快地见到了你的堂弟,出色而年轻的地质学家翁文波博士。"

23日,翁文灏在复函(英文)中表示,"感谢给我送来你对甘肃油矿的观察所得。""你为争取加强那里的研究所做的努力,也给我以极大的激励。非常感谢你所提及的、对我们工作的有益帮助。"

石油人的激情强烈地感染着李约瑟。李约瑟一路上都在构思他那部中国科技史,伴随访问行程的进展,他对中国石油钻井技术的科学形象也显露出轮廓。1945年1月,李约瑟千里迢迢赴"盐都"自流井及嘉州等盐区考察,惊喜地发现了与玉门油矿天壤之别的古老景象。

李约瑟非常幸运,这仿佛是专门为他准备的一场科技"盛宴"。四川是古今中外钻井技术交相辉映的圣地。李约瑟惊呼"自流井地区在非工业化的国家与文明之中,俨然是一个工业区"!1937年11月巴1井开钻,它是中国用德国产旋转钻机钻成的第一口天然气井,开创了地球物理测井技术在中国应用的先河。李约瑟看到的钻井技术,是宋代卓筒井钻井技术的沿袭,已有600多年的历史,在"工业区"里仍然可以看到原始的采盐技术。

李约瑟后来回忆说:"我特别注意到中国人民使用了竹具,把楠竹劈开连成很长的钻杆,绕在巨大的滑轮上,向下深钻入土。竹篾具有纵向无弹性的杰出性能,使操纵钻井的工匠能够精确掌握钻头的位置到2000英尺以下的几英寸范围之内,以便一钻钻地把井底越凿越深。如果使用了麻绳之类,那只能摊得满地皆是,根本无法操纵。这真是了不起的入地发明。"

>>> 1945年9月,地质研究室副主任翁文波与李德生等人在八井地质研究室门前合影(左起:翁文波、李德生、张传淦、卞美年、田在艺)

>>> 李约瑟《中国科学技术史》

　　1946年3月,李约瑟离开中国后,又到法国巴黎接任新职。在这里工作两年,他做了环球旅行和考察,到了美国、澳大利亚、苏联及欧洲等其他一些地方。全球的广闻目睹,这对于他站在世界科技史的高度,潜心研究中国科技史大有裨益。据此,他对中国钻井技术西传做出了符合史实的考证。

　　李约瑟在他的巨著《中国科学技术史》中以确凿的证据向世界表明:今天在勘探油田时所用的这种钻探深井或凿洞的技术,肯定是中国人的发明,这种技术在汉代就已经在四川加以应用,不仅如此,他们长期以来所用的方法,同美国加利福尼亚州和宾夕法尼亚州在利用蒸汽动力以前所应用的方法基本相同,开创了机械钻井的先河。

正如李约瑟博士在《中国与西方在科学史上的交往》中所说:在公元后13个世纪中,中国的科学技术发明像奔流的潮水一样涌进欧洲,就像随后欧洲的技术潮流涌向其他地方一样,现在,正在得到承认。如今,当人们走进国际著名的休斯石油钻井工具公司的展览大厅时,迎面而来的是一幅中国古代钻井图,它穿越古今的时空"隧道",展示着人类文明交流、互融互鉴的历史传奇。

李约瑟,一个继马可·波罗与利玛窦之后又一位东方探路者,理清世界科学史源头,揭开世界石油钻井技术来龙去脉的神秘面纱,为人们讲述着一场西方学者和东方科技跨越时空交流对话的故事。这些故事远没有结束,在构建人类命运共同体、共建"一带一路"的当下,石油人正在奋力谱写新时代国际能源合作新篇章。

【延伸阅读】

我曾试图极力主张的是,今天保留下来的和各个时代的中国文化、中国传统、中国社会的精神气质和中国人的人事事务在许多方面,将对日后指引人类世界作出十分重要的贡献。

——李约瑟

"油"来已久
漫话石油历史

石油与战争

"油能载舟,亦能覆舟",从古至今的战争就是明证。古代军事家用石油作武器,实施火攻的战例很多,"希腊火"与"火烧赤壁"异曲同工;"蓝色行动"在牛拉战车的场景中走向尽头;日本人"挖树根"炼油的无奈与"神风"战机有去无回,珍珠港未射出子弹的遗憾与"油尽灯枯"的结局,无不上演石油风云变幻的大戏。抗日烽火的硝烟中,野心十足的日本切断了中国几乎所有的国际通道,中国陷入能源匮乏的深渊,一场全国人民自上而下、"一滴油一滴血"的行动蓬勃展开。革命的道路上,毛泽东同志用油灯照亮中国革命前进的方向,这灯光穿透近百年的岁月时空,始终闪耀着璀璨的光芒……

"希腊火"配方上升最高国家机密

古代产生军事轰动效应的"希腊火",是一种神秘的火攻武器,在保卫首都君士坦丁堡和抵御外敌侵略中战功卓著,曾多次让拜占庭帝国(又称东罗马帝国)转危为安。这项技术被拜占庭帝国视为国家最高机密。

>>> 约11世纪晚期,拜占庭历史学家约翰·斯西里兹斯著作中关于"使用希腊火平定'斯拉夫人'托马斯叛乱"的插图,手稿现藏于马德里博物馆

7世纪下半叶,阿拉伯帝国军队开始征伐拜占庭帝国,拜占庭帝国军队屡战屡败。从674年开始,阿拉伯帝国军队逐渐加大围困的力度,拜占庭帝国已经岌岌可危。

678年6月,拜占庭帝国的首都君士坦丁堡,也就是今天土耳其的伊斯坦布尔,城内弥漫着极度紧张的气氛。城外,强大的阿拉伯帝国军队已经围城多日了,蔽天遮日的战船队装备着优良的攻城机械,由于在之前的进攻中不断取胜,使得阿拉伯军队士气正旺。此时如果对战,君士坦丁堡城下拜占庭的几十艘战船根本无法对抗阿拉伯人的战船。只有发生奇迹才能挽救危在旦夕的拜占庭帝国。

然而,奇迹真的发生了。一天,一名叫卡琳尼克斯(希腊语中是"常胜"之意)的人向康斯坦丁四世波加纳特(652—685年)献出良策,指点士兵配制成出了"液体火"武器,并连同发射装置一起迅速装备战船。全副武装的拜占庭帝国军队投入与阿拉伯帝国军队的战斗。

战斗打响,阿拉伯帝国舰队向君士坦丁堡发动总攻。拜占庭帝国海军靠近对方舰队,突然用新奇武器发起攻击。一瞬间,猛烈的火焰吞噬了阿拉伯帝国舰队,黑烟滚滚直冲云霄,仿佛大海本身燃烧起来。更为奇怪的是,落水的火焰非但没有被水淹灭,反而顺风顺水、更加凶猛地扑向战船,给敌人带来巨大的恐惧和伤害。大火持续了一昼夜,整个阿拉伯帝国战船几乎都化为灰烬,人员伤亡巨大,剩下的也在拜占庭战船的追击下溃不成军。

一个海战中幸存的阿拉伯帝国士兵惊魂未定地描述道:"希腊人有一种像天际闪电一样的火种。他们把这种火种射向我们,所落之处万物皆燃,我们毫无招架之力。"就这样,"希腊火"挽救了"第二罗马"。由于惨败,阿拉伯帝国与拜占庭帝国签订合约,约定向拜占庭帝国纳贡。

717年,阿拉伯帝国再次向君士坦丁堡发动进攻。以骑兵、骆驼兵为主的20万阿拉伯帝国陆军包围了色雷斯北部,集结了2000艘战船的海军(包括装载着2000名重装步兵的20艘战船)从叙利亚、埃及出发,直扑博斯普鲁斯海峡。拜占庭帝国军队主动拆除了进港海口的防卫铁链。9月1日,当数量庞大的阿拉伯战船拥入狭窄的海湾中时,为数不多的拜占庭战船再次向敌船投放了可燃的液体,同时还放出点燃了满载燃料的纵火船。装有重装步兵的20艘阿拉伯战船被烧毁,其余的战船几乎都被俘获。718年春天,拜占庭帝国军队再次用这种液体烧毁了阿拉伯舰队。

在这次围城战中,阿拉伯军队一共出动了 2560 艘战船,最终回去的却只剩下 5 艘。

新式武器大大巩固了拥有制造和在战斗中使用这一秘密的国家的军事实力。拜占庭帝军队使用"希腊火"成功作战的秘密,不只在于其成分和配制的精确比例,还在于其发射方式。发明者卡琳尼克斯大概周密地考虑了在船上带虹吸管的锅炉装置,从而想到了能够把点燃的混合物发射到目标的有效手段。液体火在某种程度密封的锅炉压力下从虹吸管发射出去,就体积和速度而言超过了当时可以想象的任何投掷武器。在落点精确的情况下,火苗迅速吞噬战船甲板,与其进行任何抗争都不可能。

"希腊火"的成分及其战斗使用装置在拜占庭帝国一直处于严格保密状态。马其顿王朝皇帝康斯坦丁七世在《帝国行政论》的著述中愤愤不平地提到,某些异族的使者们令其厌烦地提出了愚蠢的和没有尊严的、将"液体火"给他们使用的要求。他向儿子传授如何拒绝蛮夷关于"液体火"的要求,你可以用这样的话表示拒绝:这是上帝通过安琪儿启蒙并且教会了第一个伟大的沙皇——基督徒神圣的康斯坦丁。安琪儿留给他这样的圣训,必须保证圣火只在基督教徒和基督统治之地而非其他什么地方制造,保证任何其他人或其他教会都无法取得和使用圣火……

康斯坦丁七世皇帝在 957 年不仅宣布"希腊火"为国家秘密,而且命令在寺庙祭祀坛上诅咒弑杀胆敢将这个发明转给蛮夷的人。这在当时等于向不臣服的人宣布"弑杀令"。

随后,拜占庭军队利用自己的秘密武器连连取胜。只是在 12 世纪,"希腊火"的秘密才最终被阿拉伯炼金术士们猜到,并用于反对十字军。最后一次十字军远征(1270—1291 年)的参加者,法国国王圣路德维希的顾问简·朱茵威利看到了"液体火"的杀伤力,并没齿难忘地将其写入了自己的回忆录:这是个闪电般的飞行物,它带有翅膀和长长的尾,像大桶那样粗的躯干,伴随雷鸣般的爆炸声,火焰四射,映红了长长的夜空。

突厥围攻酒泉玉门油大显神威

唐代史传作家李吉甫在《元和郡县图志》中记载了这段故事。

北周武帝宣政元年（578年）冬天的后半夜，月亮沉了下去，漆黑寂静的戈壁大漠上，正悄然行进着一队由佗钵可汗带领的、全副武装的突厥人❶。在夜幕的掩护下，渐渐地逼近了西北重镇酒泉郡。黎明前，大队人马把古城围得水泄不通。当酒泉城的守军发现时，已陷入重重包围之中。

一场恶战开始。戈壁大漠上，刀光剑影，战马嘶鸣，突厥人越战越勇，他们架云梯、攀城墙，蜂拥而上，企图一举得城。守城官兵伤亡惨重，酒泉城危在旦夕，燃起烽火求救。

危急时刻，守城将军急中生智，决定用石漆作为火攻武器，消灭来犯之敌。官兵们连忙行动起来，有的运干草，有的将干草扎成捆浸蘸石漆。当突厥人再次攻城时，官兵们居高临下，将石脂水瓢泼似地向攻城的突厥人浇去，又将做好的火把、火箭投向敌人。油火相遇，顿时浓烟滚滚，火光冲天，攻城者连同云梯一起燃烧起来。

突厥军队惊慌失措，急忙从护城河里取水灭火，怎奈火势却未减分毫。火越烧越旺，直烧得突厥军人仰马翻，丢盔弃甲，落荒而逃，大漠戈壁上一片狼藉。

守城官兵大获全胜，保住了酒泉城。

---

❶ 突厥人以游牧为主，主要生活在阿尔泰山一带，6世纪中叶，逐渐强盛起来，不断吞并邻近部落，开始向中原进犯。

>>> 何丽萍绘

知识链接

酒泉

酒泉为汉代河西四郡之一,自古就是中原通往西域的交通要塞,为丝绸之路重镇。酒泉这个美丽的名字,其中蕴藏着一个动人的历史故事。汉武帝时,匈奴侵扰中原,百姓怨声载道,汉武帝派霍去病与匈奴作战。霍去病骁勇善战,屡立战功,把强悍无比的匈奴打得落花流水。汉武帝专门派人为霍去病送去了庆功酒,士兵众多,送去的酒有限,于是,霍去病把美酒倒在泉水里,让所有的人都喝上了"庆功酒",体会胜利的滋味,这就是"酒泉"的来历。

这次战斗获胜的关键就是用到了石油,它来自离酒泉不远的玉门。玉门地处甘肃河西走廊嘉峪关外,南依祁连山,北邻马鬃山。发源于祁连山的石油河在山谷戈壁间流淌。这里出产石油,史书早有记载。西晋张华的《博物志》称"酒泉延寿县南山名火泉,火出如炬",里面的延寿县就是玉门,南山即祁连山。《后汉书·郡国志》记载了玉门石油、天然气的一般性质和状态:"县南有山,石出泉水,大如筥篨,注地为沟,其水有肥,如煮肉泊,羕羕永永,如不凝膏,然❶之极明,不可食,县人谓之石漆。"《水经注》记载了古代人对玉门石油的利用:"酒泉延寿县南山出泉水,大如筥,注地为沟,水有肥,如肉汁,取著器中,始黄后黑,如凝膏,然极明,与膏无异,膏车及水碓缸甚佳,彼方人谓之石漆。"

这个战例,在我国石油应用史上占有极其重要的地位,从此以后,石油逐渐成为火攻武器的重要原料。

---

❶ "然"同"燃"。

借东风以油火攻助赤壁之战大捷

古今中外,实施火攻破敌战例很多,而最为引人注目的当属赤壁之战,是军事史上以少胜多、以弱胜强的经典战例。

曹操统一北方之后,剩下能与他对抗的唯有孙权和刘备了。208年,曹操率20万大军南下,而此时孙刘联军仅有5万人。"曹操的兵马装备精良,人多势众,如何才能取胜?"周瑜想用火攻制敌。但是时值冬天刮的是西北风,若用火攻恐会引火烧身!周瑜急得病倒在床。诸葛亮前去探望,得知周瑜病倒的原委后,挥笔写下十六个字的破敌之策:"欲破曹公,宜用火攻;万事俱备,只欠东风。"

《三国演义》描述了诸葛亮巧施"法术"借东风,孙刘联军用火攻大破曹军的场景。所谓诸葛亮"借东风",实际上就是凭自己的气象知识,预测了东风出现的时机。诸葛亮出山之前曾经游历各方,他的归隐地卧龙岗是现今河南油田所在地,由此判断,南阳地区在古代可能也出现过大量油苗,诸葛亮自然会认识到石油特有的易燃、"燃之极明""水不能灭""性质暴烈"、火速迅猛等性能,并加以利用。三国时期,已用石油沥青配制"引火毯"和"蒺藜火毯"等火器,以攻敌人城堡。沥青为制作"火毯"重要原料之一,它在"火毯"中起着"延发剂"的作用,可以控制燃烧速度,延缓燃烧时间。

赤壁之战发生在湖北省的长江流域,这一带也有石油的存在,现今的江汉油田就在这一带进行勘探开发。可想而知,孙刘联军获得火攻所需要的大量原材料并非难事。

石油与战争

赤壁之战是东汉末年，孙刘联军于建安十三年（208年）在长江赤壁（今湖北省赤壁市西北）一带大破曹操大军的战役，也是三国时期"三大战役"中最为著名的一场，此战为后来三国鼎立奠定了基础。虽然小说《三国演义》与《三国志》中记载的内容有所不同，但利用石油作为火攻的材料可能性却极大。

《三国志·周瑜传》中，不仅把黄盖"敌众我寡，难与持久，然观操军船舰首尾相接，可烧而走也"的分析和建议记录在案，还将船上配备的薪草、膏油予以说明，是为"实以薪草、膏油灌其中，裹以帷幕，上建牙旗"。此外，还有关于战果的描述："时风盛猛，悉延烧岸上营落。顷之，烟炎张天"。

话说约战之日，黄盖准备了10艘大船，上面堆满干柴、芦苇，浇上石油，再盖上帷幕，插上约定的旗号。同时，他又在每艘大船后面，系着10只轻便小舟。黄盖带领着士兵，驾着这些大战船，向北岸驶去。

>>> 火烧赤壁（何丽萍绘）

当时,正顺着东南风,战船扯起布帆,行驶如飞,很快过了江心。北岸的曹军官兵听说黄盖来降,都纷纷出营登船观看。眼见快到曹军水寨了,黄盖令军士一齐点火,然后跳上尾随的小船逃离。顿时,10艘大船烈焰冲天,箭一般地射向北岸。

曹操眼见"火船"向自己涌来,大惊失色,即便他也曾用"火攻"赢得"官渡之战"的胜利,此刻却也束手无策了。

只见"火船"借助风势,以翻江倒海之势直扑而来,被铁索连接的曹军船只无法解开,被"火船"撞击后一齐着火燃烧起来。曹营的水寨很快淹没在火海里。大火又蔓延到江岸上,曹军20万人马乱成一团,很多人葬身火海之中,落水淹死的不计其数。孙刘联军乘势猛杀过来,曹军被杀得人仰马翻。曹操带着几千残兵败将,从陆路向江陵逃去。

【延伸阅读】

"赴汤蹈火"的朱令赟

宋开宝八年,南唐主李煜面临宋军进攻金陵的危机,其神卫军都虞侯朱令赟想效仿赤壁之战用石油水上火攻一局定乾坤,他也用猛火油纵火攻宋军。如果效仿成功,岂不成为千古名臣。

朱令赟早早准备好了火攻的燃料,他先建造很多大船,在上面装满芦苇,再倒上膏油,大家称这样的船叫作火油机。待顺风之时,朱令赟一声令下,火油机浩浩荡荡向故营冲去。

天有不测风云。哪曾想一向的南风突然改变了方向,呼啸的北风把燃烧的大火送进了南唐自家的兵营,烧得人仰马翻。朱令赟悲叹人算不如天算,看着这把自己烧起来的大火,一步一步地走了进去,最后消失在火焰之中……

至此,南唐在长江中游的兵力已全部丧失,江宁陷于孤城危殆之中。

日本偷袭珍珠港的遗憾与挖树根的无奈

对于东条英机来说,此生恐怕有两件最为痛心疾首的遗憾:第一件是在珍珠港事件中,哪怕能射出直径 5 毫米的子弹,也能引爆储存在地面油柜中的所有燃料,改变战争的进程。第二件是全民动员挖树根炼油,也没有改变油尽灯枯的结局。

1941 年,先任陆军大臣、后任首相的东条英机,认为日本帝国的命运因缺乏石油而安危莫测,所以他促使日本决定与美国交战。

日本为何首选美国珍珠港作为攻击的目标?因为珍珠港地区驻扎着太平洋舰队。日本做出偷袭珍珠港的决定,主要是基于一种迂回的思路,因为它想要控制英国和荷兰两国在东南亚地区石油资源,尤其是保护从苏门答腊和婆罗洲到其本土的油轮航线。

>>> 日军攻击珍珠港之后,美军战列舰燃起熊熊大火

1941年12月7日，在那个周日早晨的7点45分左右，来自日本六艘航空母舰的两拨飞机，对美国位于夏威夷珍珠港地区的太平洋舰队发起了突然袭击。在持续2小时不断攻击下，有2403名美国人丧生，停在港口的8艘战舰中的6艘被击沉，此外还有其他很多舰船，以及188架飞机被摧毁。这一切合在一起，或许是美国历史上遭受到的一次最惨重的打击。

然而，日本人犯了一个致命性错误，轰炸珍珠港时忽略了石油。如果日本飞机摧毁了太平洋舰队的燃料储备和珍珠港内的地面油柜，他们会使美国太平洋舰队的每一艘船都无法行动。担任太平洋舰队总司令的切斯特·尼米兹上将后来说："在珍珠港事件爆发时，舰队的所有用油都储存在地面油柜内。我们大约有450万桶石油。直径5毫米的子弹就可以把它们毁掉。如果日本人毁了那些石油，那么战争就会再延长两年。"

于是，就在日本偷袭珍珠港的第二天，美国立即向日本方面宣战。这也加快了日本走向战败的转折点的进程。

日本本土石油产量很少。第二次世界大战期间，日本国内每年所需石油有93%依靠国外进口。日本从国外进口的石油中，有80%来自美国，有13%来自印度尼西亚，即当时所称荷属东印度群岛，还有一些来自中国抚顺的煤炼油。

由于石油进口枯竭，日本人一再紧缩消费。1944年的民用汽油消耗量降至25.7万桶——仅为1940年消耗量的4%。那些被认为是必须使用汽油来行驶的车辆改装成使用木炭或木柴。工业用油则从黄豆、花生、椰子和蓖麻中提炼。民间贮藏的土豆、糖和一些米酒，甚至零售店货架上的瓶装米酒都被征用来提炼酒精，用作燃料。

万般无奈，日本人开始刨松树根制作汽油支援前线。在"200个松根可以让飞机飞行1小时"的口号搅动下，全民动员起来，学生不再上学，商人不再做生意，医生不再看病，农民也不去种田，就连儿童也撒欢般地跑向郊外……他们去寻找、去挖掘，就是为了得到松树根。一时间，山上的所有松树木和松树苗都被拔得精光，这可以说是第二次世界大战时期日本人最后的疯狂。

到1945年6月，松根油的产量达到了每月7万桶。但提炼方面的种种困难仍未解决。事实上，到战争结束时，尽管从松树根油中提炼出3000桶供飞机使用的汽油，但其中掺入越来越多的酒精，劣质的燃料使空军作战受到严重阻碍。1945年，由于燃料短缺的情况愈益严重，航空训练被完全取消，仅在运输飞行途中，日本便损失了多达40%的飞机。

军用燃料的状况变得如此严峻，穷途末路的日军已经无计可施，几近绝望，最后只有以死相拼。日本人公然开始采用被称为"神风"的自杀飞行员。"神风"敢死队行使自杀性的使命，只带单程燃料，飞行员直接随领航机攻击目标，以使敌方造成尽可能大的破坏，飞行员几乎无人可望生还。但所有这一切的努力也未能挽救失败的命运。

1945年9月11日，战时首相东条英机用手枪击中心脏，血流不止，畏罪自杀未遂危在旦夕。当时很难找到一辆在油箱里储有汽油的救护车。两小时后，一辆燃料充足的救护车才姗姗来迟。东条英机被送往医院，治疗后康复。

第二年，东条英机作为一名战犯受审，被判处死刑。

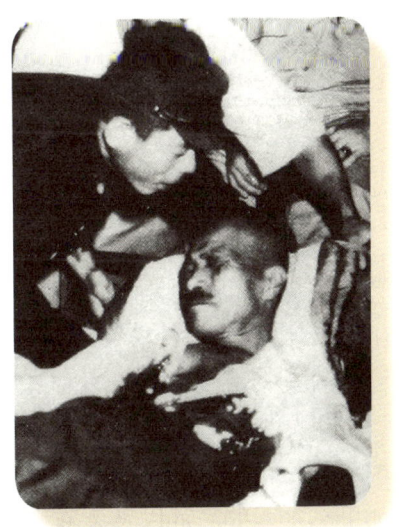

>>> 自杀未遂的东条英机

希特勒的"蓝色行动"烟消云散

宽敞的总理府办公室里,希特勒靠在椅子上,微笑得连小黑胡也在微微地颤动起来。他志在必得的样子使得身边的"应声虫"们也都为"蓝色行动"(又称"布劳行动")而洋洋自得起来。

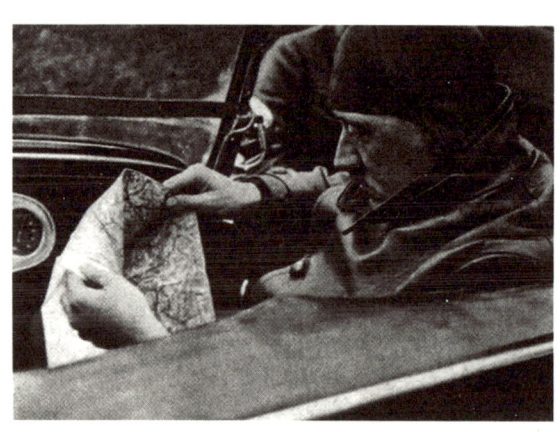

>>> 希特勒使石油成了他征服计划的关键

希特勒对石油的痴迷程度来自对战争和经济形势的基本判断。第一次世界大战时期,协约国在"石油的波涛"中乘风破浪"全速前进"驰向胜利的彼岸,而德国在煤炭的阴霾中被抛向万丈深渊,依然令他惊魂未定。痛定思痛,无论在战场上还是在经济领域,希特勒的目标就是石油,他确信"轴心国的生存有赖于那些油田"。尽管德国首创了从煤中提取石油的工艺,用煤炼油弥补石油资源的不足,但费用昂贵,难以推动战场上的钢铁洪流,煤炼油也未能改变他们失败的结局。

希特勒了解石油信息,谈论石油话题,掌握了世界上许多油田的历史。德军占领巴库和其他高加索油田就是希特勒心目中对苏战役的中心。如果高加索的石油以及素有"黑色沃土"之称的乌克兰耕地能够归属于德意志帝国,那么希特勒的"新秩序"便会因其疆域内所拥有的资源而无懈可击。从这个意义上说，它与日本企图把东印度和东南亚的资源攫为己有的倾向具有惊人的相似之处。

>>> 正在加油的德军战斗机

1942 年初，希特勒策划对苏联发动一次大进攻，即"布劳行动"，高加索的石油是作战的主要目标。希特勒的信念邪恶而又坚定：如果得不到苏联的石油，就不可能继续进行战争。同时，他想要攻击的是苏联战争经济的心脏地区。如果夺走军队和农业所需的燃料，苏联就无法把战争坚持下去。希特勒深信，苏联将会竭尽其最后的力量去保卫油田，而那时胜利就将属于他了。

德国人未雨绸缪，把在入侵苏联的"巴巴罗萨行动"失败后留在罗马尼亚基地内的一支部队重新起用，之后又被大幅扩编为"高加索石油旅"。他们甚至已经准备好了占领油田后的管理问题，召集了一支有 1.5 万人之多的石油技术队伍,负责恢复和管理占领的油田。

1942年7月初的一天,斯大林召见了尼古拉·巴依巴科夫,巴依巴科夫是苏联石油工业的领导人。后来,巴依巴科夫回忆起当时他和斯大林会谈的情形。

"巴依巴科夫同志,希特勒正冲向高加索。他宣称除非获得高加索的石油,否则他就会输掉战争。我们应该尽一切可能阻止德国人哪怕得到一滴石油。"斯大林用低沉而又坚毅的声音说。

"你应该牢牢记住,如果你把哪怕一吨石油留给德国人,我们就会枪毙你。"斯大林继续说话的时候,他的声音变得强硬起来。

斯大林慢慢地沿着桌子走着,然后又转回来,停了一会儿,他补充说:"但是如果你把油田过早毁灭,尽管希特勒得不到石油,但结果我们发现自己也没有了燃料,我们也会枪毙你。"

进退维谷的巴依巴科夫再也不能保持沉默,考虑一下,振作起来,低声说道:"你让我没有选择,斯大林同志。"

军令如山,肩负着斯大林的两道命令,巴依巴科夫被任命为国家国防委员会的全权代表奔赴高加索油田,背水一战。

1942年7月末,德国军队似乎正在顺利地接近他们的既定目标,他们攻克了罗斯托夫城,切断了来自高加索的石油管线。8月9日,他们抵达高加索石油中心最西端的迈科普,但它不过是一个小镇,产油量在正常情况下只占巴库产油量的1/10。

可是,德国军队却傻眼了,苏联人从迈科普撤退前,已经用灌水泥砂浆的办法堵塞油井彻底毁坏了油田,包括供应和生产设备。结果,德国军队虽然付出巨大代价占领了北高加索的几个油田,但收获的却是一片废墟。油井被堵死了,输油管线和泵站、炼油厂都炸毁了,连一样完整的工具都没有找到。直到 1943 年 1 月,德国人在那里每天也只能生产不超过 70 桶的石油。

德军还在继续前进,他们离本土和补给中心已有数千英里。8 月中旬,德国高山部队把纳粹党旗插上高加索和欧洲的最高点厄尔布鲁斯山的峰巅。但是德国的战争机器在达到它的目标以前,就被迫停转了。德军在那些可以防守的山路之间受到阻挡,延误战机,并且由于那时储备的燃料短缺,进一步攻击受到阻碍。为了与苏联作战,德军需要大量的石油供应,但他们远离补给线,失去了速度和奇袭方面的优势。

更令德军没有预料到的是,即使千方百计获得了一些苏联的油料,但对于使用汽油的德国装甲部队却毫无用处,因为苏联的坦克是依靠柴油发动机行驶。装甲部队有时在高加索接连几天停滞不前,等待新的燃料补给。装运石油的卡车不能及时赶到,因为它们也缺少燃料。最终,德国人在绝望中用骆驼背运石油。

然而,骆驼的驼峰也逐渐干瘪,压垮骆驼的最后一根"稻草"是因为缺少"草料"。"蓝色行动"在德军为了夺取石油的过程中却因缺少石油而被"压垮"……

骆驼倒下了,用牛顶上!德国军备和生产部长施佩尔前往意大利视察正在挣扎中的德国残部,突然发现有 150 辆陆军卡车,每辆卡车套着四头公牛,那些公牛正气喘吁吁地拖着卡车缓慢前进,卡车已经没有燃料可用了。这一镜头使施佩尔感受到油尽灯枯的恐惧。

然而,希特勒和他身边的亲信比以往更加白日做梦。1944 年 5 月,苏联红军占领了柏林。在末日来临之时,希特勒依然沉醉于痴迷而狂暴的幻想之中。

他倾听着留声机里放出的瓦格纳音乐——"众神的末日",一边等待

着某种奇迹的出现,并贪婪地阅看那些预言他的命运会突然逢凶化吉的算命天官图。最终,他在苏联军队几乎直接到达他的地下避弹室上面,登上施佩尔为他设计(现已毁坏)的国会大厦台阶时,希特勒才自杀身亡。

他留下命令,要将他的尸体浇上汽油焚毁,以免落到可恶的斯拉夫人手中。现有的汽油用于执行那道最后命令倒是足够的。

井冈山清油灯与延安煤油灯薪火相传

每当夜幕降临,延安的宝塔山、清凉山、凤凰山及城周围各个沟沟岔岔、山山岭岭数以万计的土窑洞里,都射出了一束束灯光。而凤凰山麓的一孔石崖上凿成的李家方形窑洞里的灯光,却像一颗明亮的北斗星,给人们指引着前进的方向。因此,人们亲切地把那盏小油灯喻为火炬、星斗、幻塔,胜利的象征。

这不禁令人联想起井冈山时期的小油灯。

"不灭的明灯"

红军在井冈山时期,国民党进行多次"进剿"和"会剿",实行严密的经济封锁,生活物资极度匮乏。部队所用粮米油盐、布匹、药材、服装、弹药日见短缺,部队用油更是非常少。由于没有煤油,那时照明用的灯油也是用菜籽做成的,所以,煮菜、点灯都少不了菜籽油。油和其他物品一样成了宝贝。

石油工业部首任部长李聚奎,曾回忆起毛委员关于用油问题专门向全军宣布的一道命令,规定各连(直至营团机关)办公时用一盏灯,可点三根灯芯,在不办公时,即应熄灭。连部要留一盏一根灯芯的灯,以作带班、查哨用。从此,在井冈山上,全军都严格地执行了这个规定:每到夜晚,随着熄灯号的响起,战士们就吹灭灯,只有连部的一盏灯,点燃着一根灯芯。

李聚奎不知多少次眺望八角楼上的灯光。一灯如豆,人影摇曳。在寒冬腊月的深夜,毛委员穿着单军衣,披着薄毯子,坐在竹椅上写文章。他凝神静思,苦苦思索着中国革命的前途。他右手握着笔,左手轻轻地拨了拨灯芯,灯光更加明亮了。凝视着这星星之火,毛委员在沉思,连毯子滑落下来也没觉察到。在油灯下,毛委员先后写成了《中国的红色政权为什么能够存在?》《井冈山的斗争》等光辉著作,仿佛是茫茫黑夜中的一盏明灯,照亮了中国革命的伟大前程。

>>> 《不灭的明灯》(杨之光、鸥洋绘)

就是在这盏明灯的指引下,李聚奎经过长期革命斗争考验,百炼成钢,从一个贫苦的农民成长为屡立战功的"战神"。

李聚奎是参加过北伐战争、平江起义、井冈山斗争、五次反"围剿"和万里长征的开国上将。他在井冈山时期先后担任第八师师长、第九师师长、红一军团第 师师长,活捉敌师长李明,为保卫中央苏区进行了艰苦的斗争，受到中央革命军事委员会的表彰。1934 年参加长征，他率领红一师担负先遣任务，突破乌江，攻占遵义城，四渡赤水河，强渡大渡河，为掩护中央机关，屡建奇功。

在长征途中，九死一生走过来的红军西路军在荒凉的河西走廊孤军奋战，与数倍于己的国民党马家军浴血搏斗，最后弹尽粮绝，大部分人壮烈牺牲。当时，李聚奎任红九军参谋长，在山里躲过了敌人的追杀，幸免于难。

"望着渐渐落入山后的残阳，我心中生出一个念头：太阳有落就有升！西路军是失败了，但革命没有完，党中央还在，河东红军还在……到河东去，找党中央去！找红军去！我站起身，向太阳升起的地方走去。"李聚奎晚年在回忆录中这样写道。

李聚奎清理了身上的物品，文件烧掉，手枪已没有子弹，分解后，丢到乱石堆中，把在中央苏区颁发的一枚二级红星奖章藏在了一个树洞里。随身只带了三件东西：一个要饭的布口袋，一根打狗棍，一个指南针。他化装成乞丐，昼伏夜行，多次与敌遭遇，机智躲过搜捕，死里逃生，行乞近两个月，终于回到了陕北延安革命根据地。

"指路明灯"

延安凤凰山麓的一孔石崖上凿成的李家方形窑洞里，在一盏小煤油灯下，毛泽东为了给"抗日军事政治大学"（"抗大"）学员讲授马克思主义哲学，专门撰写了《辩证唯物论讲授提纲》，即《实践论》和《矛盾论》的雏形。

这时，毛泽东已经用上了延长油矿生产的煤油和蜡烛。但为了节约用油，当他思考问题时，总是把灯芯拧得很小，继续写作时再把灯芯拧大一点。延安窑洞的油灯虽小，可它在沉沉夜空中却像一颗明亮的北斗星，给人们指引着前进的方向。

1937年1月，余秋里成为"中国抗日红军大学"（"红大"）第二期学员，不久，红军大学改名为"中国人民抗日军政大学"。余秋里边养伤边学习，他"近水楼台先得月"，最先聆听到毛主席关于"两论"的论述。他后来回忆说："我们最感兴趣、受教育最深的，是听毛主席讲'辩证唯物论'。毛主席讲课深入浅出、风趣生动，他运用马列主义的唯物论和辩证法，总结了党的历史经验，揭露了党内'左'右倾错误，特别是王明'左'倾教条主义错误给党造成的危害。对我们端正思想路线，树立实事求是、一切从实际出发的思想起了重要的作用。以后，毛主席根据这次讲课的提纲，写出了伟大的马克思主义哲学著作：《实践论》和《矛盾论》。"

追根溯源，余秋里1960年组织大庆石油会战时提出的"两论起家"，就是"抗大"学习后理论联系实际的成果。

余秋里于1937年8月"抗大"毕业，他的毕业证书上印着毛主席苍劲有力的题词："勇敢、坚定、沉着，向斗争中学习，为民族解放事业，随时准备牺牲自己的一切。"

余秋里就是"为民族解放事业，随时准备牺牲自己的一切"的忠实践行者。

第二任石油工业部部长余秋里比首任部长李聚奎整整小10岁，毛泽东曾幽默地说他是"儿童团"。不过，这个"儿童团"也是传奇人物。土地革命时期，余秋里历任赤卫大队战士、分队长、中队长，湘赣省苏维埃政府工农检查委员会委员，红军学校第四分校连指导员，红军第二军团团政治委员。他参加了湘赣苏区反"围剿"和创建湘鄂川黔革命根据地的斗争。

1935年9月，红十八团政治委员余秋里参加长征。1936年3月12日，在云南省镇雄县得章坝，我军与追击的国民党军发生激战，余秋里率部英勇奋战，左臂两次负伤，仍坚持战斗，直至掩护全军安全撤离。

过草地时，余秋里负伤的左臂伤口一直没有换药，等医生打开纱布一看，伤口已经腐烂生蛆，医生用镊子将蛆一个一个地夹出来，用盐水清洗伤口。为了止痛，有时就把受伤的左臂伸到冷水里泡一泡。

剧烈的疼痛折磨着余秋里，饥饿和死亡时刻威胁着每一个人，他们挖野菜、找牛羊皮来充饥。为了活下去，凡是能吃的东西都吃了。为了躲避能致人死命的泥沼地带，同志们把好走的路指给他走。看他实在太累了，就要用担架抬，他坚决不同意，咬紧牙关一步一步朝前走。他对战友说"就是爬也要爬出草地去抗日"。从1936年3月12日得章坝战斗负伤，到9月20日到达甘肃省徽县做手术，192个日日夜夜完成了英雄断臂的过程。

余秋里是从负伤到截肢时间最长的一位红军战将，也是拖着断臂走完万里长征的第一人。就是凭借"爬也要爬出草地去抗口"的坚定信念和顽强毅力，支撑他走完了"万里长征路"，又投身到抗日的烽火中。

1937年11月，余秋里跟随一二〇师师长贺龙、政委关向英挺进冀中，带领一支部队开辟抗日革命根据地。

余秋里说起自己在抗日战场上"搞过石油"的故事具有"传奇"色彩。一次他们攻克日军轩岗据点后，在打扫战场时收获了两桶油。这可是好东西！余秋里派兵牵了他的马去驮回驻地，还兴奋地大叫："这回我们有油吃了！"谁知炒菜时一股怪味扑面而来，懂点门道的李参谋冲他直笑，说："余政委，这不是炒菜的油，是机油，车上用的！"

这就是余秋里（后来成为石油工业部部长）的首次"找油"经历。

"埋头苦干"

1935年4月28日，刘志丹率陕北红军解放延长，接管了位于永坪的延长石油厂。

1936年1月28日，毛泽东为部署红军东征，从瓦窑堡经延川到达延长县红一方面军司令部，在延长石油厂工人何延年家的窑洞住了4天；他在这孔窑洞里，多次召开重要的军事会议，在百忙中还把延长油矿的同志们找来了解生产情况。期间，去延长石油厂视察炼油和制蜡现场，了解油矿工人的生活和家庭情况。毛泽东的到来使工人们受到极大鼓舞，生产热情高涨。

国民经济部部长毛泽民为延长油矿的恢复和发展倾注大量心血。为加强对延长油矿的领导，毛泽民派高登榜兼任油矿行政矿长和党支部书记。高登榜出发前，毛泽民吩咐他，把前方退役的毛驴和骡子卖掉，筹措一些钱作为油矿的开办费。

毛泽民又把延长油矿原勘探处事务所所长严爽请到瓦窑堡，与他进行了长时间的交谈，任命他为延长油矿技术矿长。严爽深受感动。回到延长后，他即着手组织技术人员和工人清理现场、整修设备，用最快的时间恢复了生产。汽油和煤油是党中央和红军急需的战略物资和生活物资。

延长油矿和炼油厂恢复生产后，有力地保障了中央机关和红军部门的用油。1936年4月，毛泽民在工作报告《陕甘苏维埃区域的经济建设》一文写道：

"自从去年12月整理延长石油工厂以来，在今年一二三，三个月中，共生产原油约7万斤，每月平均炼了3锅油，计共产挥发油约400斤，汽油2000余斤（永坪井之原油中汽油特别多），头等油2.5万余斤，二等油1.35万余斤，超过了国民党任何时代的平均生产额，并附属生产了大批油墨、石蜡、凡士林。"

当石油工人们赶着披红挂彩的毛驴，驮着汽油、煤油和油墨、石蜡、凡士林等石油产品到瓦窑堡向党中央报捷时，根据地的军民情不自禁地欢呼起来。

1939年1月18日陕甘宁边区政府主席林伯渠在陕甘宁边区第一届参议会政府工作报告中指出："加强对石油、煤矿的管理,增加生产,提高质量。"

>>> 1939年,八路军留守兵团警备第五团全体指战员在老一井前合影

1941年,日本帝国主义扩大"三光政策",国民党对陕甘宁边区实行军事包围、经济封锁,"不准一斤棉花、一粒粮食、一尺布"进入边区,边区经济遭遇前所未有的困难。在如此严峻的政治经济环境下,为了自身生存的需要,毛泽东号召全党和边区军民开展"大生产运动"。中国共产党开展了大规模的生产自救运动。

为支援抗战多打井多出油,三五九旅旅长王震在得知延长石油厂钻井缺少封水套管的消息后,将八路军缴获的日军小钢炮炮筒送给石油厂制作成套管,解决了钻井生产的急需,他还亲临钻井现场和工人一同打井。朱德总司令得知七里村打出旺油井,将自己乘坐的道奇卡车调派给延长石油厂,解决石油运输急需,有力地支持和鼓舞了石油生产和职工士气。

1942年12月,毛泽东在陕甘宁边区高级干部会议上提出增加煤油生产，实现煤油自给，并争取一部分外运。1943年，延长石油厂在七里村钻成2口产量较高的间歇自喷油井，当年生产原油1279吨，为建矿38年来最高。1943—1946年，延长石油厂共生产原油2671吨，还生产了大量的汽油、煤油、蜡烛、蜡片等石油产品，不仅满足了陕甘宁边区运输、照明和印刷等需要，还有部分煤油运往边区以外换回急需物资。那时能听到新华社电台的广播，能看到党中央的文件和书报杂志，都与延长石油厂的产品有着密切的关系。

1944年5月，陕甘宁边区职工代表大会上，延长石油厂厂长陈振夏荣获陕甘宁边区政府劳动英雄和特等劳动模范的光荣称号。在"向陈振夏同志学习"的口号声中，陈振夏走上主席台，毛泽东将亲笔题写的"埋头苦干"奖状送到他手上；1945年1月，陕甘宁边区政府授予厂长陈振夏"特等工业模范工作者"称号，毛泽东在其奖状上题词"生产战线上的英雄"。

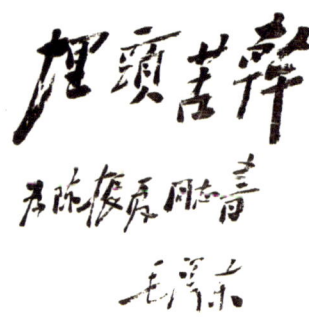

>>>1944年5月，毛泽东为陈振夏题词"埋头苦干"

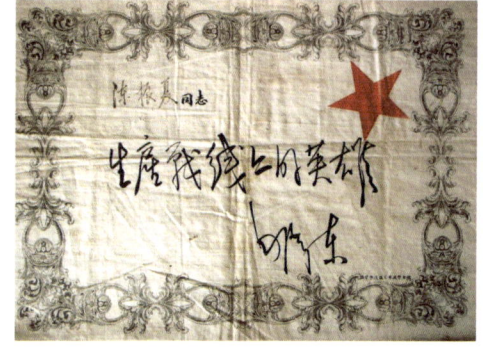

>>>1944年毛泽东为陈振夏题写的奖状

"埋头苦干"作为自力更生、艰苦奋斗、实事求是、全心全意为人民服务"延安精神"的重要组成部分，是石油工业不断发展壮大的动力源泉和精神财富，成为石油精神和大庆精神铁人精神的源头活水。这种精神的火种在井冈山和延安时期已经播下，就如同清油灯火与煤油灯火，穿透近百年的岁月时空，始终闪耀着璀璨的光芒。

翁文灏父子与"一滴油一滴血"的抗战

>>> 1938年,翁文灏与长子翁心源等子女在汉口

1962年6月,周恩来总理在视察大庆油田时,曾回忆起他与翁文灏共同谋划国共合作开发玉门石油的难忘经历。

无独有偶,1964年5月,全国政协特意安排翁文灏与张治中、邵力子、卢汉等民主党派人士,到大庆油田参观。翁文灏触景生情,也回忆起当年他与周恩来共谋大计的刻骨铭心记忆。浮想联翩,赋诗一首:

玉门草创廿年前,新矿到今猛著鞭。
自愧稚轮应急用,欣看大辂掔机先。
油田宽广蕴藏厚,人力辉煌发展坚。
四年之中兴大业,光芒万丈信空前。

>>> 翁文灏

忆往昔峥嵘岁月稠。周恩来和翁文灏的回忆，背后还有一段鲜为人知的父子抗战的故事。

"国共合作的典范"

在抗日烽火的硝烟中，野心十足的日本切断了中国几乎所有的国际通道，中国最为倚重的外来能源被挡在门外。此时的中国，正经历着最艰难的时刻。整个国家陷入能源匮乏的深渊。一场全国人民自上而下、寻找"一滴油一滴血"的行动蓬勃展开。

1937年12月13日，日军攻占南京，此时，国民政府机构已撤到武汉。1938年元月，翁文灏临危受命担任经济部部长兼资源委员会主任委员，筹擘抗战国防设计与经济建设。战时工矿建设是经济工作的重点，资源委员会制订"重工业建设计划"，提出兴建石油、钢铁、冶炼等大、中型厂矿。

解决石油来源成当务之急，我国燃料用油过去一向仰赖国外进口。沿海港口相继被日军占领，石油来源断绝，抗日大后方发生了严重的油荒。军队需汽油，将沿海工矿企业往大后方搬迁更需要汽油，燃料油告急成为他上任后最为急迫解决的事情。翁文灏决心白手起家：一是用植物油提炼轻油的应急之法，让金开英操办；二是想办法开发玉门石油，加快玉门油矿的开发与建设。他率领包括堂弟翁文波、长子翁心源在内的一批爱国知识分子，怀揣产业报国的坚定信念，顶着日军飞机的轰炸，沿着左宗棠西征之路，来到祁连山下、老君庙前。他们身披大漠长风，在穷塞绝域之地，寻找石油资源，支援抗战。

这些开拓者们正像扎根戈壁的"左公柳"，翁文灏不由得触景生情，赋诗一首：

> 近代文明破纲罗，飞机坦克勇如何。
> 西邻物力强堪佩，中亚封疆美可歌。
> 喜有天山镇朔漠，庶看春气度黄河。
> 玉关未闭边陲界，杨柳三千路正多。

"开发玉门，钻机为要"，可是偌大的资源委员会却无钻机设备可调，翁文灏深感忧虑。此时，他想起时任国民政府军事委员会政治部副部长的周恩来，求助这位促进国共合作的周公以解燃眉之急。1938年6月，甘肃油矿筹备处成立的当天，翁文灏便携筹备处代理主任张心田（主任严爽还在美国留学）前往第十八集团军驻汉口办事处会晤周恩来，商洽移用原资源委员会陕北油矿探勘处留在陕北的两台顿钻钻机，支持玉门石油的开发工作。翁文灏说明来意，周恩来当即表示："这是关系到支援抗战的大事，我们一定全力支持，翁先生尽管放心，可以尽快派人去调运。"周恩来送钻机之举，体现了国共两党一致抗日的意愿，使翁文灏绝处逢生，说他是"慨允照办""同心为国，决无异议"。

知识链接

左公柳

左公柳是晚清重臣左宗棠（1812—1885年）西进收复新疆时带领湘军一路所植道柳。1876年，命人抬着给自己准备的棺材誓死不回的左宗棠，历时两年消灭阿古柏收复新疆失地。令人称奇的是，他的湖湘子弟兵既是战斗之旅，也是植树大军。人人随身携带柳树苗，一路走一路栽，前营栽罢后营管，并且动员百姓分段看管。终于在千里戈壁种下片片树林，形成一道"连绵数千里绿如帷幄"的塞外奇观。这些柳树不但成了收复新疆失地的见证，而且还使古老的"丝绸之路"获得新生。

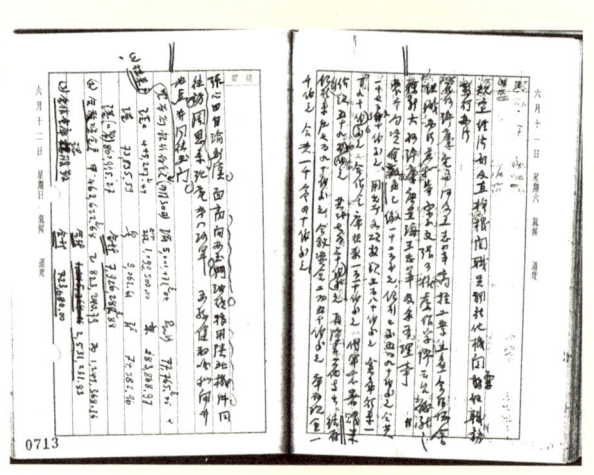

>>> "张心田自渝到汉，面商开办玉门油矿移用陕北机件。同往访周恩来，托电第八路军，函孙健初略拟开井地点，并同往玉门。"（摘自1938年《翁文灏日记》）

6月18日，张心田到第十八集团军驻汉口办事处以资源委员会的名义正式致函商调钻机。办事处主任钱之光请示周恩来同意后，于6月20日致函资源委员会，同意油矿筹备处赴陕北调运钻机。张心田随后赴陕北接运钻机，陕甘宁边区政府副主席高自立和八路军留守处主任萧劲光会见了张心田。

8月下旬开始拆迁。在钻机拆卸过程中，将所有装置设备全部配齐，共30多吨。拆卸完成后，由于井位离公路远，边区政府又动员群众将设备抬运到公路旁，还选送了一批熟练的石油工人随钻机赴玉门参加油矿的开发工作。

10月初，八路军总部派出13辆卡车支援将两部钻机运到咸阳。其后，因汽车汽油全供军用，西北公路局无车可派，自咸阳至老君庙1500千米，他们只好雇用马拉大车载运，依靠人力沿简陋的西新公路翻山越岭、跨越戈壁荒滩。由于路途遥远、设备沉重，加上公路简陋得只是将土

>>> 1939年5月，延长油矿的顿钻运往玉门油矿途中

石削平而已，上坡爬岭，路沟道陷都需人力推拉，每日行进缓慢。在荒凉的山道上数十人拉着四轮车上的石油钻井设备向山上艰难地行走。工人们风餐露宿，沐雨栉风，翻秦岭、踏戈壁，历时5个月，直至1939年3月才运抵老君庙油矿。见到疲惫不堪的运输队，老君庙的石油人欢呼过后无不唏嘘慨叹。

翁文灏心中悬着的那块石头终于落地了，开发玉门石油即将成为现实。1939年8月11日，玉门油矿使用陕甘宁边区政府支援的钻机，在祁连山下玉门老君庙旁的一号井获工业油流，从此揭开了开发建设玉门油矿的序幕，玉门油矿所产油品陆续运往抗日前线支援抗战，成为中国石油工业的摇篮。

>>> 1939年3月,从延长油矿调往玉门油矿的顿钻钻机

"中国输油第一人"

1945年1月,当翁心源带着夫人李素英和7岁的长女维玲、4岁次女维珑风尘仆仆赶到老君庙油矿时,整个矿区轰动了。谁也不会想到,这位举家迁到塞外戈壁的留美工程师,竟是国民政府经济部部长翁文灏的长子翁心源。

更让大家惊奇的是,在随后不到一年的时间内,翁心源主持设计和建设了我国第一条输油管线,实现了他在大西洋彼岸立下的庄重誓言。

1934年,翁心源以本科四年总评第一的成绩,毕业于唐山交通大学土木系。他积极投身铁路建设,先后参加粤汉铁路株韶段、湘桂铁路柳南段、滇缅、叙昆等铁路的修建,任副工程师等职,为抵抗日寇侵略尽心竭力。因太平洋战争爆发后，铁路建设受到极大限制，翁心源受父亲的指点，改行至甘肃玉门油矿从事石油事业。地处西北荒原的玉门油矿，交通极为不便，不仅机械设备、生活用品要马驮车运，产出的原油，炼出的汽油、柴油，也要一车车地运往各地。因运输能力的限制，致使油田的开发和油品销售都受到极大影响。翁心源正是看到了油管运输在石油开发中的重要作用和石油工业的广阔前景，才决心开创这项新的事业。

1942年3月，翁心源被选派留美攻读石油运输和油管工程，亲手在中国的大地上铺设第一条输油管道便成为他在大西洋彼岸立下的神圣信念。他一边认真考察美国油管工程实际状况，一边作甘肃大油管（从玉门到兰州）长距离的设计研究。他于1943年10月写成的《油管工程》一文，分为"油管与石油工业""油管之设计与干线之规划""油管干线之建筑""油管之运用与管理"等四部分内容，系统而简明地论述了油管工程理论与应用，堪称是中国油管工程理论研究的开山之作。

1944年9月至11月，在回国途中，翁心源又赴印度考察了中印油管的建设和运用，对比增加实习报告《甘肃油管试验性的设计》的确切性。翁心源还特别号召："深盼同仁中有对油管发生兴趣者，能进而加以研究……日后共同参加实建工作，为我国新兴之石油工业，解决运输之困难。"著名的石油管道专家梁翕章、张英，就是先后在翁心源鼓励和影响下从事石油管道事业的，成为这一行业的著名专家。

>>> 1944年冬，翁心源赴玉门油矿前在重庆与妻子李素英和女儿合影

1944年12月，从美国学习石油管道运输技术归国后，征尘未洗，翁心源与妻子和两个女儿到照相馆拍摄了全家福送给父母留作纪念，于1945年1月，不顾风雪交加的寒冷，携全家踏上了从重庆到玉门油矿的艰难旅程。

他们搭乘的是油矿运货卡车。货运车行驶在河西走廊，因风雪太大，积雪太厚，车常陷雪坑中动弹不得。这时，搭车的就要全体下车，前拉后推，帮助司机解除困境。经长途跋涉终于到达大西北戈壁荒原上的玉门油矿。当翁心源一家走进简陋的宿舍时，矿上闻风赶来看热闹的人挤满了房前屋后。

>>> 中国第一条伴热输油管道

他们家住的职工宿舍有一个好听的名字叫"八卦房",是给高级职员配备的,其实就是土质干打垒的房子,到处透风,加上半夜常听到狼叫,吓得两个孩子不能入睡。

翁心源到矿的第二天早上便将家丢给妻子,与助手一起顶着风雪到现场开始了测量设计工作。他与工人一道冒严寒施工的景象,半个世纪后还令石油老人们在回忆中感动不已。

1945年9月,翁心源负责设计监造从八井区输油总站到四台炼厂的输油管道,总长4.5千米,管径4英寸,当年建成投入使用,平均日输原油约2000桶,被誉为"地下油龙"。这是中国人自己设计建造的第一条输油管道,缓解了当时原油运输压力,积极支援了抗战。

为此,翁心源被称作"中国输油第一人"。

"精忠报国气如云"

翁文灏的二子翁心翰没有从事石油事业,他戎装入伍,飞翔在祖国的蓝天上保家卫国。而他的壮烈牺牲与燃油告罄也有着千丝万缕的联系。

>>> 翁心翰

"九一八"事变后,中日关系日趋紧张,翁心翰对日军的飞扬跋扈看在眼里,恨在心中。当听说北平黄寺的驻军关麟征部在驻地举办高中学生暑假军训时，正在汇文中学读高二的翁心翰立即报名参加。后来，他投笔从戎，被录取为空军军官学校第八期学员。

翁文灏得知儿子翁心翰从军消息后，热情鼓励，赋诗一首：

燕京学子要从军，愿执干戈扫寇氛。
抗敌侵陵凭武力，精忠报国气如云。

1938年12月1日，翁心翰以优良的成绩毕业。最初，翁心翰被分到第三大队任飞行员，负责成渝上空防御，保卫陪都重庆。1939年5月，一次战斗正在进行之时，飞机突然发生故障，翁心翰凭借高超的技术，沉着处置，人机均安全返回，因此被传令嘉奖。

1941年底珍珠港事件爆发，中美空军合作得到加强。1943年1月，翁心翰被派往印度接受 P-36 型战斗机的训练，在印期间还协助英军参加过几次对日军的空中战斗。回国后不久，他所在的第十一航空大队也进入战斗系列。

1944年2月，翁心翰与他同期同学的妹妹周劲培女士在南开中学家中结婚。为照顾他婚后生活，航委会曾准备调翁心翰去运输大队工作。翁心翰坚决要求留在对日空战的战斗岗位。他告别新婚的妻子，奔赴前线作战。

1944年初，侵华日军集中兵力发动打通大陆交通线的攻势，沿平汉、粤汉、湘桂铁路长驱而下，国民党军队一败涂地。空军则以湖南芷江空军基地为中心，全力支援"豫湘桂战役"的地面作战。

1944年9月8日，空军上尉翁心翰受命率全队12架飞机进驻芷江，对来犯的日军进行空中阻截，日夜不息，每天出动执行任务往往达五六次之多。9月16日下午，他再次起飞，率领全队往桂林一带袭击日军。在完成任务折返途中，在兴安境内又发现日军的地面部队，他率僚机2架低飞扫射，不幸被日军地面炮火击中，机残人伤。在此情况下，他还挣扎驾机到贵州省三穗县境内，终因燃油告罄，试图迫降，山地迫降未获成功而壮烈牺牲，时年仅27岁。

爱子为国牺牲的英雄行为，使翁文灏感到悲痛也感到自豪。翁文灏切切实实地感受到了那难以用语言和眼泪表达的痛苦，长歌当哭，他挥泪写下了《哭心翰抗战殒命》。

1945年8月15日，日本宣布无条件投降。翁文灏站在江北遥望江南的空军坟，触景生情，赋诗一首：

> 渝城到处是欢声，八载艰辛一日平。
> 究赖沙场忠勇士，不辞拼命捍防城。
> 太息翰儿立志忠，英年卫国尽强雄。
> 何堪五次临空战，力竭疲身命亦终。
> 最难为国竟忘家，此日凯歌悲苦加。
> 环顾家庭儿女辈，只儿战死在天涯。
> 秋风秋雨忆招魂，胜利反教流泪痕。
> 南望一棺江岸畔，放牛坪上尚安存。

新中国成立后，翁文灏曾向周恩来总理谈起过翁心翰牺牲的经过，周恩来郑重地说：他为抗战而牺牲，是非常光荣的！

在中国石油工业发展的历史长河中，翁文灏父子与石油是如此的血脉相连，又那样波澜壮阔。他们都在国家的感召和民族的呼唤中一步一步走出家乡石塘，与梦想同行，踏上了"一滴油一滴血"的抗战之路……

孙越崎三次"跨越"铸就烽火人生路

>>> 孙越崎

1942年11月中旬,紧邻玉门油矿的祁连山坡上突然树立起一个大牌坊,用电灯标出的"一百八十"四个大字熠熠生辉。巍巍祁连雪峰为之振奋,冰冻的石油河激动得为之融化雀跃。一场报捷庆祝大会把寒气逼人的塞外高原搅动得热气腾腾。

甘肃油矿局总经理孙越崎,为抗日立下军令状的全年生产180万加仑汽油的生产目标提前实现了!

报捷庆祝大会开始时,象征着胜利的汽笛声自豪地冲天而起,伴随着员工们的欢呼声、鞭炮声、交织成一曲嘹亮的凯歌,响彻山谷,响遍石油河两岸。

用什么方式表达内心的激动和对英雄的崇敬?大家情不自禁地簇拥到孙越崎身边,突然,他们把自己的总经理抬起高举起来,沿矿区道路欢呼游行,一直抬到露天剧场的戏台上,用力把他抛向空中,一次、两次、三次……

>>> 玉门油矿全体职工在老君庙庆祝180万加仑生产任务完成

孙越崎经历着过山车般的感受，此刻，此起彼伏的人群，钻天杨、公孙柳般的钻井架和炼油塔，采油树上的磕头机都跟着旋转起来，一起向他围拢、聚集……他们正集结起来准备迎接一场又一场新的跨越。

跨越黄河，中国人第一次打出石油

孙越崎从青年时代起，就投身于反帝、反封建的爱国民主运动。1915年5月，袁世凯接受日本提出的"二十一条"。他痛感国运之艰，遂将原名毓麒改为越崎，取意要救国图存，务使中国越过崎岖而达康庄。1919年，不顾反动军阀的威胁，孙越崎以北洋大学学生会会长身份积极参与组织北洋大学和天津各大中学校的"五四"爱国运动，被学校开除。后得蔡元培先生帮助，进入北京大学采矿系学习。

孙越崎为"石油救国"理想而战的第一次跨越是在陕北的黄土高原，他带领职员完全依靠自己的力量打出的第一口油井。

1933年9月，受国防设计委员会秘书长翁文灏委派，担任国防设计委员会专门委员的孙越崎，带领后来成为玉门油矿矿长的严爽来到陕北黄土高原，做开发石油的考察工作。高原上千山万壑，举步维艰，孙越崎深感在此地创办油矿的艰难，但日军越过长城的铁蹄声越来越近，他决心背水一战。"油渴如我国，复值此大战前夕，铁血油血相需殷切之时，苟其地有一线储油之希望，当应尽搜索试探之动能。"他撰文表达自己强烈的心声。

1934年春，陕北油矿勘探处成立，孙越崎任处长。7月，孙越崎率领严爽、董蔚翘、单喆颖、张心田等20余职员和雇工，将在上海定做的两台汽动顿钻钻机及其他器材共约100吨设备辗转运到山西黄河军渡渡口，准备从军渡登船下行到一百余里外的陕西延水关上岸，再运往陕北延长开钻。

孙越崎感叹李白名句"君不见黄河之水天上来，奔流到海不复回……"此时正值盛夏，水势浩大，滩险涛急，过黄河有如过鬼门关，充满了险境和不测，何况还搭载着沉重的设备。有人"望河兴叹"，但孙越崎就像他的名字一样决心跨越崎岖之路，绝无改变。

然而，当他们将设备装上雇来的18条木船后，船老大突然不让登船，对孙越崎说，要他率领随行的人与船夫们一起跪下祭河神。孙越崎虽然不信神，但为了渡河便叫大家随他跪下祭拜。然后船老大杀了只公鸡，拎着鸡围着十八条船转，边转边将鸡血淋在船的四周，淋洒完后又放了一通鞭炮，仪式完成后船老大才喊号开船。

河水翻滚，船飞流直下，时遇险滩礁石、时遇瀑布旋涡，在波浪中忽上忽下，惊心动魄。水深的时候就划，水浅的时候就在岸上拉。航行两天两夜,终于在汛期到来的前两天安全运抵延水关。

跨越黄河难,要跨越黄土高原更难。面对蜿蜒的羊肠小道,孙越崎灵机一动,决定拆卸设备,化整为零。大家动手把这些庞大的机器拆成1702个零件并编号,最重者有700余斤。雇骡轿102乘,驮骡298头,民夫266名。按照零件类别,有的一人背,有的两人抬,有的四人抬,重些的还有16人抬。号子声此起彼伏,荡气回肠。山高水低,日晒雨淋,风餐露宿,艰苦万状。浩浩荡荡的运输大军行进在黄土高原崎岖不平的山路上。历时57天,行程200多里,终于把100多吨设备安全地运到了陕北延长和永坪镇。

延长是过去日本人和美国人钻探的重点地区,到了1934年,只剩一口油井还在出油,每天出300斤,少得可怜。9月4日抵达延长后,孙越崎立即组织了一支可操作5台钻机的百人钻井队伍,这是中国近代石油史上首次形成具有一定规模的石油钻井队伍。

>>> 1934年,孙越崎与同事在井架前合影

孙越崎利用在美国休斯敦学习的油矿技术，既当技师，又当工人，还当指挥。10天后，101井钻至井深112米，日产油1.5吨，这是中国人完全依靠自己的力量打出的第一口油井。

第二天，孙越崎用自制卧式炼炉提炼出煤油，用这些煤油作燃料启动发电机，向翁文灏发出了报捷电报。就在钻探工作刚刚展开的时候，国防设计委员会电令孙越崎速赴新任，前往焦作整顿中福煤矿，后又委以重任，担任天府、嘉阳、威远、石燕四个煤矿的总经理。

>>> 甘肃油矿筹备处第一炼油厂

跨越玉门关，为"一滴油一滴血"而战

耸立在祁连山脚下玉门关塞的玉门油矿诞生在 1939 年抗日战争的烽火年代，孙越崎的第二次跨越是执掌玉门油矿的开发建设。

1941 年 3 月，甘肃油矿局在重庆正式成立，孙越崎被任命为总经理（同时继续担任四煤矿总经理）。他踏上了"羌笛何须怨杨柳，春风不度玉门关"的古丝绸之路。有"左公柳"相伴而行，孙越崎眼前仿佛浮现出左宗棠统率大军向新疆进发的情景。

孙越崎触景生情，唱起罗家伦创作的那首歌曲《玉门出塞》："左公柳拂玉门晓，塞上春光好。天山融雪灌田畴，大漠飞沙旋落照。沙中水草堆，好似仙人岛。"情至深处，感慨万千，孙越崎竟也兴致高涨地写了一首《咏杨柳》诗："关外荒漠接远天，出关人道泪不干，移沙运上植杨柳，引得春风到油田。"

"最荒凉的地方，却有最大的能量"。1941 年 10 月，玉门油矿八井发生强烈井喷。巨大的声浪摇天撼地，最多时一天喷油 2500 多吨，证明地下有着可观的石油储量。

孙越崎看到一大片土油池中盛满了原油，喜悦之情油然而生。本来因为无奈之举使用煤矿钻机简陋设备，又缺乏防喷技术和经验，导致连续两次发生井喷"事故"等待处分的矿长严爽却"因祸得福"。

孙越崎深谙劲可鼓不可泄、势可造不可衰的道理，他乘势而为，亲点手扒羊肉犒劳三军，决定嘉奖制服井喷的有功人员。在庆功大会上，他提缰跨马，率众员工游行至八井，向一等功臣靳锡庚授予奖旗，二等功臣晋升一级，见习生童宪章、史久光、靳叔彦、蒋麟湘免写实习报告，即刻升为技术员。

1941年2月1日开钻的八井

人逢喜事精神爽，玉门油矿正逢"春风"拂面"杨柳"青青，却遭遇战火的无情打击。

1941年12月7日，太平洋战争爆发，不久日军攻占缅甸，中缅公路的物资中转站腊戍失守。国民政府为玉门油矿投资500万美元，向美国购买了2600吨石油设备，只抢运到老君庙350吨，所购12套钻机仅拼凑出三套半，一套达布斯炼油设备也仅运到一些零件。消息传来，惊呆了盼望美制设备到矿好大干一场的老君庙石油人。

战火的惨烈和日本侵略者的封锁没有阻止孙越崎前进的脚步，反而越加坚定了他"跨越"的勇气和意志。他立即召集油矿矿长严爽、炼油厂厂长金开英及各部门领导开会，满怀豪情地说：美国订购的炼油装置依靠不上了，我们只能依靠自己的力量，在国内设计制造。他宣布：为了支持抗战，1942年要生产汽油180万加仑，比1941年的产量增加9倍。回到重庆后，他向资源委员会正式申报180万加仑的生产任务，并立下军令状，如果完不成180万加仑自愿撤职处分！

一场为实现"180万加仑"生产目标的劳动竞赛热火朝天开展起来。矿区挂出"加紧生产，多出油品，支援抗战"的大幅标语。孙越崎要求每个油矿员工都要牢牢记住，他随时随地发问，听到的都是响亮的"180万"。一次，孙越崎在路上遇到几个油矿小学生，问他们："你们知道我们油矿今年的生产目标吗？"小学生高声回答："180万！"

"180万"生产目标深入人心。玉门石油人说："我们曾长期为没有上前线与日寇作战而产生羞愧的心理，但在为180万加仑奋斗的日子里，我们的精神解脱了。"

"180万"犹如插上祁连雪峰的一面旌旗。在这片戈壁荒漠上，数以万计的人从四面八方汇集过来，冲锋陷阵，摇旗呐喊，他们的命运与国家、民族的利益血肉相连。他们的脚下，和生命一样宝贵的石油在滚滚翻腾。而人们要做的，就是把这股黑色的、充满能量的潜流输入到祖国贫瘠的血脉之中。

为了"180万"，在重庆的工程技术人员必须自行设计制造出炼油装置。他们吃住在办公室，昼夜奋战，日本飞机来轰炸，便躲进防空洞，警报解除，出洞继续工作。图纸完成后，大后方一百多家工厂承担制造任务，以最快的速度完成了订货合同。

由于滇缅公路被切断，钢材来源断绝，大部分厂家一时不能开工制造所需部件，孙越崎便发动职工想方设法搜罗钢材。他们购买城市地下废弃不用的管材，组织人力打捞长江里的沉船，拆船取钢。终于千方百计设计制造了24座釜式炼油炉。油矿局用自己的车队，翻万重山，穿千里戈壁，运到2500千米外的老君庙。油矿没有吊运设备，运抵的装置全部由炼厂员工人拉肩扛组装起来。在这最紧张的日子里，孙越崎因劳累过度曾昏倒在办公室。

1942年11月中旬，经过甘肃油矿局近7000员工的艰苦奋斗，提前实现了180万加仑汽油的生产目标。

打通一条"石油生命运输线",把汽油运输到抗日的前线去,又成为一项艰巨的任务。有人算过一笔账,从老君庙到重庆 2500 千米,来回就是 5000 千米,几百辆两吨半的汽车在往返的路上会消耗掉所载油量的 2/3。

当时,饱尝缺油之苦的人们各显神通,制造出的木炭车、桐油车、酒精车、菜籽油车相继出现。但这些代用燃料车运送汽油更不现实,因动力不足等缺陷所导致的事故令人备受煎熬。老舍曾以《抛锚以后》为题,写下这样一首打油诗:"一去二三里,抛锚四五回,下车六七次,八九十人推。"

为解决"油吃油"难题,孙越崎费尽心思。他突发灵感,设想将黄河中的皮筏子搬到嘉陵江上去,把汽油从老君庙运到四川广元,再水运到重庆可节省近 800 千米的路程,由此"水上皮筏运输队"应运而生。

他们将 2000 只羊皮囊,做成五只大皮筏,每只筏可装 53 加仑的油桶 160 只,约 24 吨。每筏有筏工四人驾驶,浩浩荡荡,这件破天荒的事件引得沿岸民众编了首顺口溜:"油矿局,瞎胡干,羊皮筏子当兵舰"。

当皮筏运输队抵达重庆时,轰动了山城。

日军对重庆长达五年的轰炸还没有结束,炮弹的烟尘携带着鲜血和死亡的气息,在山城的上空隐约飘荡。炽烈的阳光和溽热的空气没能阻挡人们在这一天来到嘉陵江边的化龙桥码头。他们像迎接英雄一样欢迎运输队的到来。那句"羊皮筏子当军舰"也被改为"羊皮筏子赛军舰"流传大后方,成为抗战时期的一件佳话。

玉门所产油品陆续运往抗日前线支援抗战。1943 年,日军企图强渡风陵渡,入侵陕西。由于有了玉门的汽油,能及时将苏联供应的大炮从新疆赶运到前线,阻挡了日军的进攻。1944 年,美国空军从成都起飞,轰炸日本东京和被日军占领的唐山林西发电厂，所使用地勤用油也是由玉门油矿提供。玉门油矿还将油品运往内地销售，对缓解大后方的油荒、维持战时后方交通运输发挥了重要作用。

>>> 运送油品的汽车队

>>> 矿场运输

>>> 运输油品的羊皮筏子、牛皮筏子

1945年8月,在陪都重庆庆祝抗战胜利的场景中,只见大楼墙上的那幅"国光油品"的招牌特别醒目,这是1942年夏孙越崎亲自起名"国光",并在重庆设立的国光油行所在地。此时,"为国争光"这道亮丽风景线仿佛是从玉门涌来的石油洪流,融入欢庆胜利的沸腾海洋当中。

>>> 甘肃油矿局在重庆设立中国第一个石油产品销售机构——国光油行

石油河畔，老君庙前，采油旁下，这里不光是荒凉与寂寞，也孕育爱情、亲情、友情和离别之情。

相见难别亦难。孙越崎在重庆即将踏上西征之路时，夫人王仪孟百感交集。她理解丈夫对妻儿挚爱的感情，即便是自己和孩子病重，尤其是小女儿夭折时丈夫都不在身边，也没有丝毫埋怨，自己独自承受失去女儿的极度痛苦。因为她深知抗战救国在丈夫心中永远都是至高无上的使命。此次西征，不知何时相见，想到这些，倒有一番"劝君更尽一杯酒，西出阳关无故人"的悲怆之感。孙越崎动情地说："我一出这个家门，就忘了自己是个有家的人了！"

金开英也是"无家"之人。一直在重庆从事替代能源开发的金开英（中央地质调查所"沁园燃料研究室"大楼便是金开英的叔父金绍基捐献），1941年出任玉门油矿炼油厂厂长，完成了他从替代能源研究者向"中国炼油第一人"的转变。两年后，在被称作"回门宿舍"的小屋里，金开英见到了跋涉万里前来寻父的女儿，此时，距离金开英离开家人已经6年。多年的分别，父女二人一时间竟不敢相认。而金开英与妻子和母亲的再次相见，已经是抗战胜利后的1945年。

>>> 金开英（1902—1999年）

"无家"之人，却牵挂着那些还没有成家的年轻人。

随着油矿的发展，矿区职工人数迅速增长，1940年为800人，1942年增加到近7000人，男女比例失衡。特别是从昆明西南联大、重庆中央大学等高等学府蜂拥而至的几百名大学毕业生的婚姻现状，更叫孙越崎操心不少。孙越崎为当好"月下老人"，特意到邵力子夫人傅学文在重庆办的女子职业学校招聘女生，挑选肯立志建设大西北的学生到油矿工作。老君油矿已经闻名大后方，敢于到戈壁滩工作的青年们也被姑娘们当作英雄一样看待，因而报名踊跃，但孙越崎极为"挑剔"，一个个地过目询问，被挑中的不仅未婚、有报国的信念，而且个个漂亮。

孙越崎把这一牵线搭桥的办法叫作"引花入矿"。在姑娘们到来前，他在油矿的集会上用诙谐的语言宣布："我将于最短期间内选派大队小姐来矿工作，这一举措纯系'救济'与'补给'性质。希望单身同仁，尤其是工程师们，务必把握此一难得机会，努力争取佳偶，切勿任其'放空'，否则不仅辜负我一番苦心，而且也是光棍们的耻辱。"

众"花"一到，整个矿区立时热闹起来。我国炼油工业的开拓者之一的何俊英和首批进矿的女生徐和生喜结连理就是典型代表。

1944年10月15日，何俊英和徐和生在玉门老君庙祁连别墅（当时玉门油矿招待所）举行简朴而隆重的婚礼，仪式中有一项是来宾在白绢上签名留念。这个签名绢四周花饰为手绘，墨勾线填色，签名右侧是隶书体贺词，很是精致。由孙越崎、严爽、郭可诠、翁文波、金开英、董蔚翘、董世芬、卞美年、陈贲、童宪章、史久光、杜博民、靳锡庚、龙显烈等一百余人来宾的签名可见，油矿上下对这场婚礼的重视程度。这张签名录现收藏于玉门油田博物馆中，成为该馆的一件珍品。

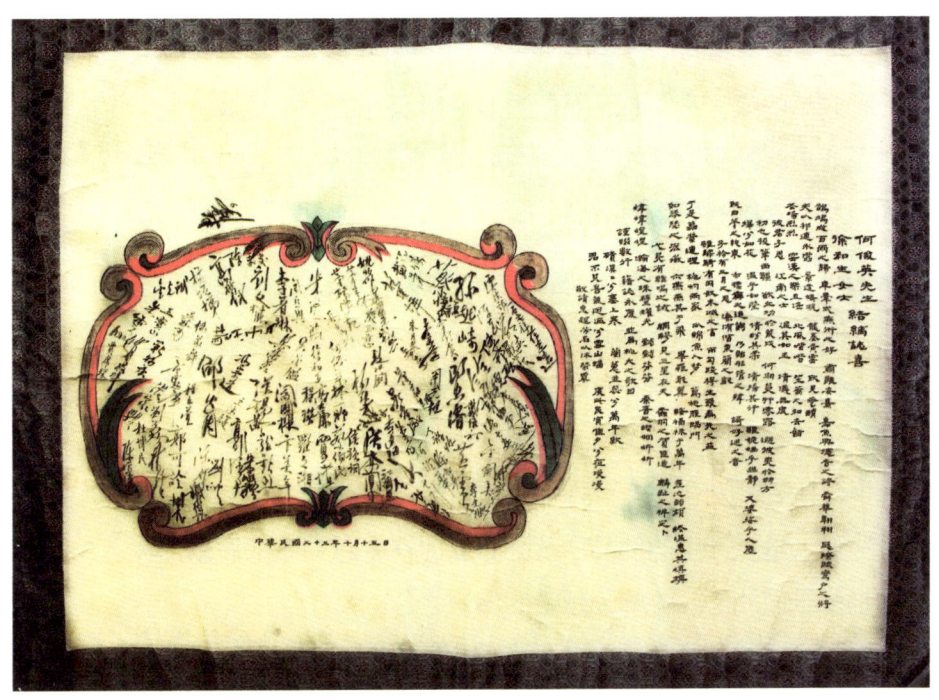

>>> 签名留念的白丝绢

1941年油矿举办的第一场婚礼可没有这样的"排场"。这年5月，翁文波决定辞去中央大学物理系教授的职务，带着助手和学生闯进了"千山万碛皆白草"的玉门油矿，随后，正在上海震旦大学读书的冯秀娥也提前退学，追随未婚夫西出阳关来到戈壁滩。他们在老君庙前以野餐的方式举行了独特的婚礼。来宾与新郎新娘合影留念却因少了新郎官留下遗憾，原来给他们照相的就是翁文波。

1942年，翁文波和冯秀娥有了第一个儿子翁心儒。从小生长在戈壁滩上的心儒没见过树。当第一次见到白杨时，他问母亲"这里的花怎么这么高？"从那以后，心儒的名字被改成了心树。

跨越心灵那道坎，领导护厂护矿迎接解放

孙越崎的第三次跨越，是向自身心灵深处的一次挑战。他义无反顾地跨过了心灵深处那道"坎"：拒绝执行蒋介石命令，组织护厂、护矿斗争。正如他所说："论私，我是背叛了蒋介石；论公，我没有背叛国家。"

1948年5月，深得蒋介石赏识的孙越崎升任资源委员会委员长。1942年8月，蒋介石视察玉门油矿时，对孙越崎的卓越才华褒奖有加，并交给他一份专用密电码本，要孙越崎随时与自己联系，这已表明，蒋介石已经把孙越崎纳为自己的亲信。可是孙越崎唯一一次使用密电码本给蒋介石发去的电报，是请求拨给6万个53加仑空油桶，以便储存运输因为奋战"180万加仑"而大量生产出的油品。蒋介石立即饬令总司令部后勤部拨运3万个空油桶给玉门油矿，才解孙越崎的燃眉之急。

就在全国解放前夕，孙越崎毅然抗拒执行蒋介石和国民党当局向台湾搬运资源委员会财产的命令。在中国共产党地下党组织的帮助下，孙越崎领导资源委员会人员护厂护矿，迎接解放，将包括玉门油矿在内的所属厂矿企业完整地移交给党和人民政府，为新中国建设留下了一批宝贵人才和重要财产，对国民经济的恢复起了很好的作用。

1949年5月28日，陈毅来到在上海的资源委员会办公地点，向资源委员会的官员、专家、工作人员100多人发表讲话。陈毅说："我们对资源委员会的工作有所了解，你们是主管国营工、矿、电等企业的一个全国性机构，毛主席很重视你们这个机构。""现在南京、上海都已经解放，蒋家王朝已经垮台，所有伪单位纷纷南迁台湾，伪中央部、会一级中，只有资源委员会所有人员，包括各级负责人，以及在已解放地区所属各厂矿企业员工几乎未走一人，设备器材几乎未有一点破坏，实在是伪中央文职机构中的一个全体员工起义的团体！"中国共产党充分肯定孙越崎等原资源委员会负责人和工作人员的这一历史功绩。

>>> 玉门油矿第一代油娃

就在上海解放之时，玉门油矿护矿斗争日益激烈。经过1939年至1949年11月的开发建设，玉门油矿已经拥有一支4000余人的石油产业队伍，共生产原油50多万吨，占全国同期产量的90%以上。建成了可产汽油、煤油、柴油、润滑油等12种产品的炼油能力，拥有地质勘探、钻井、采油、炼油、机修、水电、土建、运输和通信等专业队伍的综合性石油企业。

>>> 中国石油公司协理兼甘青分公司经理邹明

面对随时都有灭顶之灾的石油战略重地，中国石油公司协理兼甘青分公司经理邹明采取紧急措施护矿保矿。大量购运粮食储存一万余担，积储金银现金三十多万银元，并抢运从上海等地买来的日用品、布匹等，以保障全矿职工及家属生活所需。同时，组织自卫力量，确保油矿万无一失。

当时矿上武装有国民党驻军一个骆驼兵团和一个高射炮连，有矿警大队300多人，一些国民党的军统、中统特务和国民党、三青团的骨干分子也以公开或隐蔽的方式进入油矿，他们正伺机向油矿下手，形势异常复杂严峻。

这时，党的地下组织从"地下"活动开始"公开"地站了出来，宣传动员和组织积极分子投身护矿中去。早在1941年由刁德顺、王道一、陈贲三名党员秘密发起并正式成立的"中共老君庙矿区支部"，在长期的斗争中积蓄的力量得到发挥，为玉门油矿护矿斗争的胜利作出重要贡献。

油矿成立了以老工人为骨干的护矿队，对矿区的30多口产油井用水泥、砖头围砌保护圈，把炼油厂的主要机泵和贵重仪表拆替下来，予以隐藏，把空油桶装满沙子石头重叠三层，以钢条焊死，将成品油库等及炼油装置围得扎扎实实保护起来。他们还将贵重的机器拆卸埋藏于山谷中，昼夜在矿区巡逻放哨，挫败了伪矿警队企图破坏油矿的阴谋。

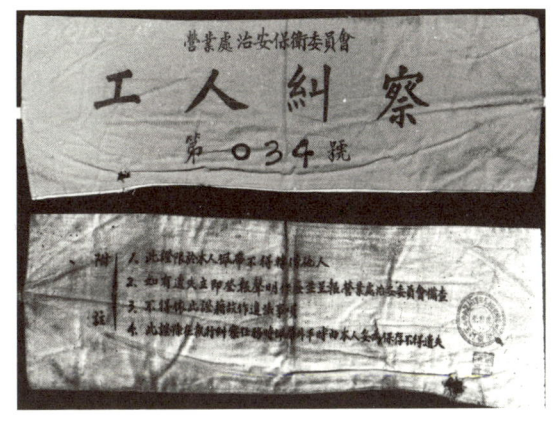

>>> 工人纠察袖标

当时，孙越崎已辞去国民党政府一切职务，为鼓动资源委员会国外贸易事务所职工起义，暂居香港。他与邹明通过电报联系，邹明8月到香港见孙越崎，报告护矿情况，担忧兰州解放后国民党匪帮狗急跳墙破坏油矿。孙越崎立即电告在北平的邵力子，请他转告党中央关于玉门油矿的护矿布置情况，请求在兰州解放后，大军继续西进，并盼先派人去油矿与经理邹明取得联系。

1949年8月26日，兰州解放。9月25日，中国人民解放军第一野战军装甲部队，按照彭德怀司令员的命令，昼夜兼程，进驻玉门油矿，使国民党匪帮破坏油矿的阴谋没有得逞。祖国的这块宝藏，完整无损地回到了人民手中。

玉门油矿护矿的壮举受到党和政府的高度评价，西北军政委员会特颁发锦旗，勉励全矿职工"发扬英勇护厂精神，为祖国建设事业百倍努力"。

玉门油矿解放，成为中国共产党领导新中国石油工业发展的起点。玉门油矿解放日作为"中国石油纪念日"，标定了新中国石油工业发展的历史原点。

>>> 中国人民解放军装甲部队进驻玉门油矿，受到群众热烈欢迎

1949年11月，孙越崎到北京后没过几天，周恩来设家宴为他洗尘。谈起来，孙越崎和邓颖超30年前还都是在天津参加五四运动的战友，回忆往事，他们都沉浸在无比兴奋的氛围之中。席间，孙越崎向周恩来表示，感谢中国共产党和人民政府的信任，一定做好今后的工作。

1949年后，孙越崎曾任中央财政经济委员会计划局副局长、开滦煤矿总管理处副主任、煤炭工业部顾问、中国和平统一促进会会长、欧美同学会名誉会长等职，此外还是民革第三届、第四届中央委员，第五届、第六届中央副主席，第七届中央监察委员会主席，第八届中央名誉主席，第二届至第四届全国政协委员，第五届至第七届全国政协常委。他为新中国经济建设和祖国统一大业贡献了毕生的力量。

纵观孙越崎的三次"跨越",怎能不令人想起与他朝夕相处、相伴而行的左公柳、钻天杨和采油树呢。孙越崎与"三树"已经融合为一体。他们就像奔赴沙场的战士,具有气势恢宏、信仰坚定、英勇无畏、无私奉献、团结一致、力求上进的精神风貌,铸就了孙越崎苦难与辉煌的烽火人生。

"油"来已久
漫话石油历史

石油与经济

石油经济风起云涌，以其巨大的能量推动着全球经济的巨轮滚滚向前。它见证了多少石油大亨的崛起与荣辱。洛克菲勒对市场趋势的敏锐洞察和对商业机会的果断把握，使他在国际石油经济中始终处于主导地位；马库斯对商业理念和经营策略的完美诠释，成就现实版的逆袭；把资本融入骨髓、将精明刻入灵魂深处的保罗·盖蒂成为不二的美国首富，并称霸美国首富20年；意大利经济教父马太对市场规则与秩序的准确把握，让"七姐妹"呼风唤雨的能力大为削减，成就"国家队"接连登上世界石油经济舞台；列宁称他为同志的苏美贸易中间人"红色资本家"哈默，也有着石油商人传奇的故事；石油的价格波动如同蝴蝶效应，牵动着世界各国的经济神经……

洛克菲勒缔造标准石油王国

美国克利夫兰拍卖会——标准石油横空出世

>>> 洛克菲勒

石油巨头约翰·戴维森·洛克菲勒（1839 年 7 月 8 日—1937 年 5 月 23 日）出生在一个相对贫困的家庭，父亲做过杂货商贩和木材生意。7 岁时，他开始了第一桩成功的买卖——出售火鸡。据说父亲曾对别人夸口："我同孩子们做买卖，一有机会就赚他们的钱，我想让他们变得精明。"在中学里，年轻的洛克菲勒成绩最好的功课是数学，他在这方面可谓出类拔萃。洛克菲勒没受过高等教育，上过 4 个月的会计班，当过商行簿记员。1859 年，他向父亲借款 1000 美元，加上自己积蓄的 800 美元，与比他大 10 岁的克拉克合股创办了一家经营谷物和肉类的公司——克拉克·洛克菲勒商行。同年 8 月 27 日，世界石油工业在美国宾夕法尼亚泰特斯维尔的石油溪旁诞生。由于几年前已经出现了通过蒸馏提炼煤油的技术，煤油以其优于其他照明材料的特性，迅速打开市场，克利夫兰也成为石油产区的一个炼油中心和转运中心。

1863 年，大量的原油在美国被开采出来，洛克菲勒从中看到了商机。

1864 年，洛克菲勒进入石油业，同安德鲁斯和克拉克合伙开办了炼油公司，新公司取名为安德鲁斯－克拉克公司。1865 年，因合伙人意见出现分歧，洛克菲勒和克拉克闹翻。克拉克向洛克菲勒写了一纸绝交书，三位公司领导人终于决定将公司拍卖掉。安德鲁斯工程师已经是洛克菲勒的亲信了，所以克拉克一开始就陷入被动。早在公司决定拆伙拍卖前，洛克菲勒就已借债筹措了大量现金。拍卖从 500 美元开始喊价，价钱升到 50000 美元、70000 美元。为了不让价钱抬得过高，洛克菲勒始终面不改色。"72000 美元！"克拉克脸色苍白、无力地喊出了最后的价钱。洛克菲勒轻轻地报了 72500 美元……一锤定音，将克拉克股权全数买下，改名洛克菲勒－安德鲁斯公司。洛克菲勒在回忆这个具有决定意义的时刻时曾说过："这是我平生所做的最大决定。"

1867 年，弗拉格勒入伙，公司改名"洛克菲勒－安德鲁斯－弗拉格勒公司"，至此开启了洛克菲勒的石油帝国之路。1868 年洛克菲勒成为世界上最大炼油商。

公司运营几年后，洛克菲勒凭借在数字和速算方面的惊人天赋，意识到数以万计的财富追求者不断出现，如果对他们的盲目行为不闻不问，迅速发展的石油工业必定会永远处于混乱之中，愚昧和盲目的竞争终将带来灾难性的后果。于是，他开始构想一个可以运用于石油行业能使其摆脱兴衰怪圈和不良后果的伟大而合理的结构。洛克菲勒曾经说过："通常，大多数的竞争不是来自那些强大、明智、保守的竞争者，而是来自那些鼠目寸光、忽略成本的人。无论如何他们只能艰苦经营或者破产。"根据他的逻辑，开放的竞争绝不是解决石油这个新兴行业中存在问题的最好途径；相反，它是主要祸害。他最后的解决办法是简单而宏伟的，也是令人不安的：迫使竞争者团结起来。

>>> 洛克菲勒建立的石油精炼厂

>>> 洛克菲勒（1870年）

洛克菲勒的计划是接管所有石油市场所谓的下游组织，例如炼油厂、运输路线、管道、轮船等，他将这些看成生产者和消费者之间的瓶颈。他认为石油生产难以捉摸，难以管理，于是将这个留给石油行业的投机分子。从不打无准备之仗，也从不愿意赌博的他在1870年建立了一个新公司——标准石油公司，奠定了自己的战舰基础。

为什么选择这一名称，是为了表明顾客可以信赖"标准的产品质量"。当时出售的煤油质量差别很大，如果煤油中含有过多易燃的汽油或是石脑油，不是耸人听闻——购买者点燃它的举动可能成为他一生干的最后一件事。

石油与经济

公司运转正常后,洛克菲勒开始实施一个庞大的计划,拔掉曾经打断石油行业运转的塞子。他首先回到标准石油公司的家乡——俄亥俄州的克利夫兰。在那里,他合并了家乡整个石油炼油行业。1872年2月至3月间,他收购了26家炼油公司里的22家,这就是后人所说的"克利夫兰大屠杀"。最终,在声势不断壮大的兼并中,他在全国范围内发起了一场令人印象深刻的兼并运动,几乎控制美国所有的炼油及其服务公司。这些公司中,绝大多数都是通过劝说兼并的。他不费吹灰之力,就让对手对避免恶性竞争带来的好处感兴趣。那些接受他建议的公司都受益匪浅。洛克菲勒让他们在标准石油公司担任股东甚至上层经理,让他们选择成为百万富豪,

>>> 标准石油托拉斯纽约总部(1885年)

或者成为洛克菲勒的长期合作伙伴。对于那些想保持独立经营的公司，只要他们接受最高产量限额，那么洛克菲勒就和他们签订合约，保证他们获得一定的利润。同时洛克菲勒可以在供过于求的情况出现时，充当"起决定性影响的生产者"，通过缩减产量来维持合理的价格。但是，那些反对他的炼油厂和石油商都被无情地排挤出了市场，眼睁睁地看着他们的希望破灭。

由五位原始股东成立的标准石油公司以其精干的管理团队很快就发展强大到无人可及，当时美国没有任何一家公司可以与之在市场竞争抗衡，一经成立就控制了美国炼油业 1/10 的生产能力，洛克菲勒在新公司中占有 1/4 的股份。

代号"莫罗斯"——控制美国炼油能力 90%

1870 年 1 月 10 日，以洛克菲勒和弗拉格勒为首的五个人开了一个秘密"party"，精明能干的五位大咖，从石油产地的原油采购到纽约的成品油销售，在石油行业的各个环节都展现出了卓越的能力和出色的业绩。强强联合必是最佳拍档，五人一拍即合，敲定成立标准石油公司，当时注册资本为一百万美元。

新成立的标准石油公司有了更多的资本，但是整个经营条件继续恶化。到 1871 年，炼油业完全处于恐慌之中，美国市场石油产量增长过快，油价波动较大并且经常暴跌，煤油的产能也面临过剩，零售价格下降了一半以上等问题凸显，美国炼油业利润几乎消失，多数炼油商在赔钱。趁着油价暴跌和普法战争导致的市场低迷，洛克菲勒萌生控制、管理整个行业的想法，他决定发动"我们的计划"，行动代号"莫罗斯"，开始在周边大肆扩张，操作手法也不复杂：压价、倾销和收购，将所有的炼油厂联合起来，合并成一个巨大的联合体，以清除过剩的产能、对价格实施控制，从而挽救这个行业。

石油与经济

>>> 合伙人在精炼厂区前合影留念

洛克菲勒仗着技术先进、成本低廉，旗下的工厂经常对其他小炼油厂发起闪电般的价格战，你卖一毛我就卖6分，一般的小厂子挺不了几个月就垮了。除此之外，他也联合十几家大型炼油厂跟美国的铁路运输系统一起搞了个秘密联盟，对内瓜分运输生意，对外则大肆提高运费，摆明了就是要打垮竞争对手。

在每一个地区，洛克菲勒试图收购主要的炼油厂。洛克菲勒和他的合伙人会以敬重、客气和奉承的态度去接近自己的目标，向他们说明，同其他炼油商相比他们的公司的利润多么高。

知识链接

我们的计划

洛克菲勒计划将所有的炼油厂联合起来，通过控制产量来消除过剩的产能，从而实现对价格的控制。在当时的市场环境下，炼油厂的产能过剩导致了价格的下跌和利润的下降。通过联合所有的炼油厂，可以对产量进行统一的控制，避免过度供应，从而稳定价格并提高利润。这个计划的核心是通过联合和协调来实现市场的稳定和利润的最大化。通过控制产量和价格，洛克菲勒希望能够在竞争激烈的市场中取得优势，并确保炼油行业的可持续发展。"我们的计划"后来引发了反垄断和竞争方面的问题。在现代市场经济中，类似的行为通常会受到相关法律和监管机构的关注和限制，以确保市场的公平竞争和消费者的利益。

如果这一切都失败了，标准石油公司会使顽强的竞争对手"感到周身不适"。或者用洛克菲勒的话说，让他"好好出一身汗"，从而服输。标准石油公司会在特定市场上降价，迫使竞争对手亏损经营。他曾一度导演了油桶荒，对执拗的炼油商施加压力。在另一次"战斗"中，为了打败对手，亨利·弗拉格勒指示道："如果你认为他汗出得还不够，就给他多加几床毯子。我宁可亏一大笔钱，也不能在这时候做出任何让步。"

等到你实在扛不下去的时候，就该坐下来谈收购了。在寄给中小炼油厂厂长们的信件里，洛克菲勒往往会给出两个选择——要么拿厂子换股份，要么拿厂子换现金，过了这村就没这店了。面对财大气粗的洛克菲勒，小老板们最后基本都会妥协。直到1872年底，标准石油公司已经控制了美国近1/4的炼油产能。

洛克菲勒胆大妄为的作战目标是在他的控制之下，结束"没有任何好处的相互残杀政策"和"使石油生意变得安全和有利可图"。洛克菲勒既是战略家又是最高指挥官，指挥着他的部下隐蔽而又迅速地行动，精确地实施计划。他的兄弟威廉用"要战争还是要和平"来概括与其他炼油商的关系。

石油与经济

>>> 洛克菲勒的石油精炼厂全景

标准石油公司的人做事非常神秘——虽然表面上看来外人并不知道什么，但实际上他们的行动就代表着标准石油公司。许多炼油商一直被蒙在鼓里，不知道谁在市场上杀价，对他们施加压力的当地竞争对手实际上是洛克菲勒不断扩展的王国的组成部分。在战役的各个阶段，标准石油公司的人一直以暗语联络，其神秘可想而知。

1879年，"战争"实际上已经结束，洛克菲勒取得了胜利。它控制了美国炼油能力的90%，还控制了油区的管道和收集系统，并能支配运输部门。获胜的洛克菲勒并没有被忌恨。事实上，一些被征服的对手还被纳入管理机构的内层圈子，在后来的战役中成为忠心耿耿的盟友。

知识链接

洛克菲勒的五项原则

洛克菲勒在商业和管理方面强调五项原则。

合作与共赢。 洛克菲勒经常强调合作的重要性，鼓励生产商们共同努力，以实现更大的利益。由他提出一些合作方案，以提高整个行业的效率和竞争力。

质量与品牌。 洛克菲勒反复强调产品质量的重要性，鼓励生产商们致力于提高石油的质量。他强调品牌建设的重要性，以提高产品的市场认可度。

创新与技术。 洛克菲勒鼓励生产商们进行创新和技术升级，以提高生产效率和降低成本。他经常性地分享一些标准石油公司在这方面的成功经验。

市场分析与预测。 洛克菲勒提供一些市场分析和预测的信息，帮助生产商们更好地了解市场动态，以便做出更明智的决策。

社会责任。 洛克菲勒强调企业的社会责任，鼓励生产商们关注环境保护、安全生产等问题。

>>> 洛克菲勒

《致石油生产商通知书》

19世纪80年代，洛克菲勒创立和引导的标准石油公司继续扩展。1882年，标准石油公司的股东们签订了《美孚石油托拉斯协议》，建立新的董事会，将标准石油公司控制的所有实体公司股份交给"托拉斯"，确立了"托拉斯"一词的法律含义。新成立的董事会一共41位股东，负责"监督"旗下14个全股份公司和26个部分股份公司，总共发行70万股，洛克菲勒本人占19.17万股。

石油业进入标准石油公司"大一统"的时代，它们从炼油生产、产品科研、质量信誉、清洁卫生到地方分销的整个回路都井然有序。到19世纪

80年代中期,它对销售的控制已达到与对炼油的控制不相上下的地步——大约占到80%。它取得这么大市场份额的手段同样是残酷无情的。推销员力图恐吓竞争对手和敢于承接竞争产品的零散商人。油区里,洛克菲勒亦是臭名昭著的恶魔,就连母亲警告不听话的孩子都会说:"你要小心,否则洛克菲勒会把你抓走。"

"托拉斯"成立,有效避开了公众和舆论的非议。每次有人攻击标准石油公司和他本人时,狡猾的洛克菲勒都会搬出这玩意挡锅,说标准石油公司并不拥有或控制一大批公司,而他本人也不过是个"有权分点红利"的股东。当然真实的情况是,直至19世纪80年代中期,标准设在克利夫兰、费城和新泽西的3家炼油厂,控制着世界1/4的煤油供应量,通过严密的谍报和通信手段,洛克菲勒本人可轻松了解每一桶石油的去向。

1885年,宾夕法尼亚州的地质师警告说,"令人惊异的石油表现"只是"暂时的和正在消失的现象——年轻人将亲眼看到这一现象寿终正寝"。宾夕法尼亚原油告急,但是就在石油工业正要冲出宾夕法尼亚时,俄亥俄西北部突然戏剧性地发现了石油。

在与印第安纳州交界的地区,即后来的利马-印第安纳油田,紧接着出现了一次生机勃勃的繁荣局面。新发现的油田产量丰饶,到1890年已占到美国产量的1/3!也就是在这个时候,洛克菲勒做出了他最后一个重大战略决策——直接进入石油生产领域,以便大规模控制自己的原料,在石油生产方面运用合理经营原则,使供应和存货与市场需求平衡。一句话:标准石油公司将在相当程度上不受石油市场波动以及"贪婪的淘金者"混乱的影响。

1891年,标准石油公司控制的产量已占到了美国原油产量的1/4。1895年,负责替标准收购原油的公司约瑟夫·西普发出《致石油生产商通知书》,声称原油交易价格应根据世界行情交由"收购办公室"来决定。

这一纸霸王条款，标志着标准石油公司不仅彻底控制了炼油业，也完全掌握了原油的定价权，实现了行业产业链全垄断。愤怒的原油生产商、受压迫的悲惨工人，都只能在这头巨型野兽脚下瑟瑟发抖，奈何不了它半根毫毛。

面对这头史无前例的石油巨兽，公众的恐惧达到了最高点。1897年9月18日出版的《世界日报》悲情地泣诉："标准石油公司的头头们是一群吃人肉、喝人血的野兽，他们把有秩序的世界搅得地覆天翻，民不聊生，有些中产阶级被迫沿街乞食或开枪自杀。他们掠夺妇女、儿童、老人、寡妇和小商小贩口袋里剩下的最后一分钱。这是一伙有组织的匪徒和强盗……"

但洛克菲勒依旧不为所动，反而坚信自己在造福人类，是给黑暗世界送来"新光明"的使者。逼急了，他摆摆手说道："我只是在按资本主义精神行事"。

【延伸阅读】

约瑟夫·西普代理公司

19世纪90年代，标准石油公司负责收购原油的机构约瑟夫·西普代理公司（简称西普）同其他人一样，通过在交易所取得"凭证"在公开市场上买进石油。西普公司在油井直接买进时，取当日交易所最高价和最低价的平均数。然而西普越来越多地从生产者那里直接买进，独立炼油商也照此办理。90年代初，交易所的交易额不断下降。最后，1895年1月，西普以具有历史意义的《致石油生产商通知书》结束了石油交易所的时代。他宣称，交易所中的"交易已不再可靠地反映产品的价值"。从那时起，在所有购买中"支付的价格将同世界市场证明恰当的数额一样，但不一定是交易所中对石油凭证的出价"。他又说，"每日行情报告将由此办公室向你们提供"。西普和标准石油公司作为宾夕法尼亚和利马85%~90%的石油的买主和所有者，现在实际上决定了美国原油的收购价，尽管总是受到供求关系的约束。洛克菲勒的一个同事说："每天我们面前有能从世界所有市场得到的最佳信息，从中制定尽可能好的一致价格，这就是我们得出现货价格的基础。"

石油与经济

1870—1920 年，在美国历史上被称为"镀金时代"。在 1873 年出版的《镀金时代》一书中，马克·吐温和查尔斯·华纳形象地描述了那个时代的特征："筹谋宏图大业，进行各种投机钻营……为了暴富欲火中烧。"

当时并不止标准石油一家托拉斯，19 世纪 90 年代，企业联合蔚然成风，截至 1904 年，美国的托拉斯数量超过 310 余家，掌握的资产超过 72 亿美元。这些巨型怪物已然成为美国的病症，连总统大选也把解决这一难题当成拉选票的政治承诺。但是，这些巨无霸的发展不可能总是一帆风顺的。实际上，对洛克菲勒垄断的新石油经济的攻击来自各个方面，而且攻击几乎都是同时发起的。

>>> 标准石油公司商标

1911 年，标准石油公司因反垄断监管被拆分为 34 家独立的公司。即便是托拉斯解散，也未能阻止洛克菲勒聚财的脚步。就在公司解散之前，洛克菲勒的一个顾问认为，洛克菲勒应该趁价格最高时卖掉他在标准石油公司的一些股份，因为解散后股价将下跌。洛克菲勒不同意，他看得更清

>>> 洛克菲勒旗下制油厂

楚。那些分离出去的公司的股票按一定比例在新泽西美孚公司的股东中分配。如果标准石油公司被肢解，各个部分的股票价格就将很快超过解散前的价格。

公司解散一年后，标准石油大家庭的解体却带来这些公司市值的上升。1912年元月，它们的股票价格大幅度上涨。新泽西标准石油从360点上升到595点；纽约标准石油的股价涨了一倍多，大西洋炼油公司股价涨了3倍。印第安纳标准石油的股票，从1月份每股3500美元涨到10月间的9500美元。当然，洛克菲勒他们的财产也大为增值。没有谁能比洛克菲勒这位拥有原公司1/4股票的人更占便宜。由于解散后各公司股票普遍升值，他个人的财产从1901年的2亿增加到1913年的9亿美元（相当于今天的90亿美元），占到了美国当年GDP（365亿美元）的2.4%。由于通货膨胀，这个数字显然无法与今天富豪们的财富相提并论，但如果按照这个比例换算，洛克菲勒是毫无争议的美国历史第一巨富，也是人类历史上最为富有的人之一。中国有句老话，说"富不过三代"，但是洛克菲勒家族发展到21世纪已经是第六代了，依然如日中天，独"富"天下。

>>> 标准石油公司的广告牌随处可见

石油与经济

1912 年,西奥多·罗斯福卸任已有 4 年,准备再次竞选总统。标准石油公司又成了他的靶子。在竞选中,罗斯福吼道:"股票价格上涨了 100% 以上,洛克菲勒和他那伙人的财产因而又翻了一番,难怪华尔街的祈祷词现在成了'哦,仁慈的主啊,再让我们解散一次吧'。"从这一点上也不难看出,解散后的巨无霸挣得是盆满钵满。

退居二线——58 岁的决策

1937 年 5 月 23 日,洛克菲勒因心脏病发作,于睡梦中与世长辞。原先有信心活到百岁的他还差两年就离开了他的事业和亲人,令人遗憾。不过,能活到 98 岁已使他有资格进入高寿行列,又让人欣慰。完美演绎了"死于"53 岁,退在 58 岁,但一直活到 98 岁的传奇人生。

1892 年,俄亥俄州法庭裁决标准石油托拉斯解体,股份转给 20 家公司,但控制权仍在洛克菲勒手中。洛克

>>>洛克菲勒退居二线,把事业交给儿子小约翰·戴维森·洛克菲勒

菲勒已经完成了巨额财富的积累,累极了的他,计划退休了。虽然当时只有 50 多岁,但长期的紧张工作和不断受到的攻击,使他元气大伤。1890 年以后,他越来越频繁地抱怨消化不良和疲劳,他说他正在被钉上十字架上。夜里,他开始在床边放上一支左轮手枪。1893 年,他患了一种同紧张有关的病——脱发,并且开始发胖、严重失眠、头发与睫毛都掉光了。

249

医生警告他：必须在健康与退休之间做一抉择。他决定选择退休，但让位的计划因1893年的恐慌和萧条以及国内外日益激烈的竞争等一系列危机而暂时推迟。尽管如此，洛克菲勒还是开始隐退。

1896年，洛克菲勒退休时，标准石油公司已经拥有了10万名员工，是世界上最大、最富有的融生产与商业为一体的机构。他把事业交给儿子小约翰·戴维森·洛克菲勒，把行政领导权交给了另一位董事——约翰·阿奇博尔德。洛克菲勒虽然还同百老汇26号保持着联系，但他已经开始关注身体健康、慈善事业、户外运动，以及那永远增长着的个人财富。1893—1901年，标准石油公司共分红2.5亿美元，其中绝大部分流入那五六个人的腰包，而总数的1/4是洛克菲勒的。

>>> 洛克菲勒家族合影

洛克菲勒卸去了日常职责后，医生为挽救洛克菲勒的生命，为他立下三条规则：

避免烦恼，在任何情况下，绝不为任何事烦恼。

放松心情，多在户外做适当运动。

注意节食，随时保持半饥饿状态。

石油与经济

[延伸阅读]

约翰·戴维森·阿奇博尔德

洛克菲勒自传《旧朋老友》中不吝其词赞美标准石油公司继任副总裁——约翰·戴维森·阿奇博尔德。洛克菲勒回忆:"当时我正在全国范围内进行考察,与生产商、炼油商、代理商交流,了解市场,寻求商机。一天,油田附近举行聚会,当我到达时,里面已经挤满了石油行业的商人。我看到签到本上写着一个大大的名字:约翰·戴维森·阿奇博尔德,每桶4美元。这是一个活力四射、个性十足的家伙,甚至不忘将广告语写到签名本上。没人怀疑他对石油业的坚定信念。'每桶4美元'的呐喊吸引了众人的目光,因为当时原油的价格远低于此,这个价格令人难以置信。虽然阿奇博尔德先生最终不得不承认,原油不值'每桶4美元',但他始终保持着热情、干劲和无与伦比的影响力。"

洛克菲勒在新的生活方式下逐渐恢复了健康。与此同时,他开始学习高尔夫球,整理庭院,和邻居聊天;他打牌、唱歌;但他同时也进行别的事。他开始为他人着想,考虑把数百万的金钱捐出去。1909年,他的医生预言他可以活到100岁。

洛克菲勒虽然将标准石油公司交给儿子小约翰·戴维森·洛克菲勒打理,但是他始终保留着标准石油公司的最大股权,可以参与标准石油公司的商业决策。阿奇博尔德每周六早上都来同这位公司最大的股东讨论生意。洛克菲勒仍然保留着董事长的头衔。

>>> 洛克菲勒陪孩子读书

在41年的退休生涯里,他把主要精力放在慈善事业上。最初没有人愿意接受他的捐款,因为他们认为洛克菲勒的钱都是用肮脏的手段赚来的,沾满了血腥。但是通过洛克菲勒的努力,人们慢慢地相信了他的诚意。他在慈善事业上的投入对美国和世界产生了深远的影响,包括建立了洛克菲勒基金会、洛克菲勒大学等机构,并积极支持医学研究、教育、艺术和文化事业等领域的发展。

在他获知密执安湖湖岸的一家学校因为抵押权而被迫关闭时,他立刻展开援助行动,捐出数百万美元去援助它,将它建设成为举世闻名的芝加哥大学。

他成立了一个庞大的国际性基金会,致力于消灭全世界各地的疾病。在他的资助下,科学家发现了盘尼西林,以及其他多种新药。

在洛克菲勒离开标准石油公司之后,企业继续发展壮大,成为更加庞大而强大的商业帝国。然而,随着时代的变迁,洛克菲勒商业帝国也面临着新的挑战。反垄断法案的出台使得标准石油公司分拆成为若干独立的公司,其中包括埃克森和美孚等。虽然这些独立公司仍然在石油行业中占据着重要地位,但已不再是洛克菲勒家族直接控制的企业。

巨龙解体——龙生七子

1906年11月,在圣路易斯联邦巡回法庭,罗斯福政府起诉标准石油公司,根据1890年《谢尔曼反托拉斯法》,控告它阴谋限制贸易活动。罗斯福公开鼓动民众的愤怒:"过去6年中通过的每一项要求诚实从商的措施无不遭到这些人的反对。"私下里,他对司法部部长说,标准石油公司的董事们是"这个国家最大的罪犯"。陆军部宣布,将不再从这个联合体购买石油产品。民主党总统候选人威廉·詹宁斯·布莱恩也不甘落后,声称对这个国家来说,最大的好事是将洛克菲勒投入监狱。要说民主党候选人这么对洛克菲勒还情有可原，可罗斯福的做法却让洛克菲勒颜面尽失。毕竟在他 1904 年大选时，洛克菲勒也捐送了 10 万美金啊！罗斯福在位期间至少发起了 45 次反托拉斯行动，几乎每次都对准"托拉斯之母——标准石油公司"，洛克菲勒那叫一个心寒呐……

洛克菲勒知道在这场战斗中标准石油公司首当其冲。为了自卫，公司集结了一大批法律干才，有些是美国法学界著名的人物。两年多的审理过程中，有 444 人作为证人出庭作证，出示了 1371 件物品，法庭记录 21 卷，共计 14495 页。

>>>> 1890年《谢尔曼反托拉斯法》

1911 年 5 月，在百老汇大街 26 号，董事们都沮丧地聚集在洛克菲勒的办公室里，阿奇博尔德紧绷着脸守在自动收报机前等候着最后裁决。消息传来时，每个人都惊呆了，对最高法院的最后裁决谁都没有心理准备。最高法院坚持联邦法院的裁决，标准石油公司被勒令在 6 个月内解散。"我们的计划"将被法令所粉碎，室内死一般沉寂。

裁决作出后，标准石油公司的董事们遇到了一个大问题：如何把这个如此庞大而又盘根错节的帝国分开呢？规模简直太大了，人们终于清晰地体会了标准石油公司之"大"。它运输宾夕法尼亚州、俄亥俄州和印第安纳州所产原油的 4/5，提炼全美国所产原油的 3/4，拥有全美国一半以上的油罐车，经销国内所消费煤油的 4/5 以上，承担全美煤油出口的 4/5 以上。铁路所需润滑油的 90% 以上也要由它提供。它还经营着多种副产品，包括 700 多个品种的 3 亿多支蜡烛。它还拥有自己的海运力量——78 艘蒸汽轮船和 19 艘帆船。所有这些如何拆散？最后，该公司在 1911 年 7 月底宣布了解散方案。

>>> 标准石油公司拆解后的七个主要继承公司

标准石油公司被分成多个单独实体。最大的一个是原来的控股公司——新泽西标准石油公司，它带走了几乎一半的净资产。它最后成为埃克森（Exxon）石油公司，并始终没有失去领先地位。第二大的是占净资产 9% 的纽约标准石油公司，最后变成美孚（Mobil）石油公司。此外，还有加利福尼亚标准石油公司，后来变成雪佛龙（Chevron）石油公司；俄亥俄标准石油公司，变成索亥俄（Sohio）石油公司，后米成为英国石油公司（BP）美国分公司；印第安纳标准石油公司变成阿莫科（Amoco）石油公司；大陆石油公司变成科诺克（Conoco）石油公司；大西洋石油公司变成阿克（ARCO）石油公司的一部分，最后又成为太阳（Sun）公司的一个分部。

一位标准公司的高管酸溜溜地说："我们甚至不得不把办公室的勤杂工派出去领导这些公司。"这些新的实体虽然相对独立，没有重叠的管理机构，但它们大都尊重各自的市场，并且继续保持老的商业关系。每个新公司地盘内的需求都增长得很快，因而相互间的竞争发展很慢。这种状况还要归因于分家时的一个法律疏忽。百老汇大街 26 号显然没有考虑到商标和产品名称的所有权问题，所以，所有新公司都使用原来的产品名称。这极大地限制了公司相互侵蚀领地的能力。

>>>《七姊妹》图书

解散带来的既有机遇也有巨大的挑战。总体说，巨龙解散对经济产生了一些好处。一是促进竞争：解散大型垄断企业为其他企业提供了更多的竞争机会，促进市场的竞争活力。二是鼓励创新：竞争环境促使企业不断创新，提高生产效率和产品质量。三是消费者受益：消费者可能会享受到更多选择、更优价格和更好的服务。四是行业发展：为整个行业的发展创造了更公平的环境，推动行业技术进步。五是小企业成长：为中小企业提供了发展空间，有利于经济的多元化。六是促进就业：催生更多的企业和就业机会。七是资源合理配置：促使资源在更多企业中得到更合理的配置。八是经济多元化：避免经济过于依赖少数大型企业，增强经济的稳定性。然而，解散标准石油公司也可能带来一些挑战和问题，例如：市场动荡，短期内可能导致市场不稳定；涉及高昂的成本和复杂的调整。

总之,标准石油公司的解散对经济产生了多方面的影响,既有好处也可能面临挑战。对标准石油公司来说,世界变化得太快,它的控制体制变得过于僵硬,特别是对第一线的人来说。标准的解散从某种意义上讲可算是一次伟大的解放。那些分出来的公司的领导者们有了充分施展自己才干的机会,再也不必为超过 5000 美元的资本支出或者 50 美元的捐赠向百老汇大街 26 号请示了。

托拉斯解散后,技术革新也从百老汇大街 26 号僵硬控制下解放出来。印第安纳标准石油公司很快在石油提炼技术上取得了一项突破,在关键时刻帮助了刚刚诞生的汽车工业,从而保住了美国石油业后来最重要的市场。

捡贝壳的少年成就壳牌石油梦想

13 岁的少年在英国海岸看到洛克菲勒的大航船在海上不可一世,便立下豪言,要开创一番伟业,成为和洛克菲勒一样的大富翁。当时的洛克菲勒已经是世界最富有的人之一,在北美建立了自己的石油王国,几乎垄断着整个石油市场。而这个少年,只是在海边捡贝壳、有时候和父亲倒卖贝壳的小商贩,周围人都觉得他年少无知轻狂,不切实际。但是谁又曾想到,就是这个立下豪言壮语的少年马库斯·塞缪尔(1853 年 11 月 5 日—1927 年 1 月 17 日),最终成就石油版的人生"逆袭"。

>>> 马库斯·塞缪尔

>>> 壳牌标识

马库斯·塞缪尔是英国犹太人,伦敦市长,与洛克菲勒是同时代的石油巨头。后来创建了英国皇家石油公司(壳牌石油公司)。

19 世纪 80 年代早期,俄罗斯煤油的出口开始侵蚀标准石油公司控制的欧洲市场。洛克菲勒一伙发起了一场大幅度的降价运动作为回应,类似于标准石油公司在美国市场迫使其竞争对手退出市场时的所作所为。但是战斗民族并没有屈服于不可战胜的洛克菲勒家族。相反地，他们选择了进攻，把触角伸向了亚洲，在那里标准石油公司的优势也是很明显的。这里所说的他们是"罗斯柴尔德家族、诺贝尔家族、塞缪尔家族"，这次雄心勃勃的冒险的主要玩家是注定要成为石油业之父的马库斯·塞缪尔。

塞缪尔在远东做煤炭生意时发现了石油行业的商机，于是开办了一家石油公司，并命名为"壳牌石油公司"。之后，他与洛克菲勒展开了旷日持久的石油争夺战。尽管这是一场实力和背景相差颇大的较量，但塞缪尔并不惧怕，他用一系列商业手段成功地打退了洛克菲勒的进攻。

塞缪尔在远东地区建立了一个稳定的买卖网络，从而将其父亲的生意扩大到进出口贸易。利用他的商业关系，在全球范围内向标准石油公司发

【延伸阅读】

石油家族

罗斯柴尔德家族是金融世族，其创始人梅耶·罗斯柴尔德在18世纪末期投身银行业，他的5个儿子后来分别成为欧洲诸国的金融巨头，其中老三内森·罗斯柴尔德称为巴黎的银行巨子。罗斯柴尔德家族具有敏锐的投资眼光，他们凭借着巴库至巴统（格鲁吉亚的黑海港口）运送煤油的铁路投资转入石油业，他们的转入为俄罗斯石油产品进入世界市场打开了道路。1883年铁路竣工。同时，家族兼并巴库的生产工厂和炼油厂，他们的公司（里海和黑海石油公司）很快就坐上了俄罗斯石油市场的第二把交椅，仅次于诺贝尔家族的生意。

诺贝尔家族是一个著名的家族，其中最著名的成员是艾尔弗雷德·诺贝尔，他设立了诺贝尔奖。他的父亲伊曼纽尔·诺贝尔有很多孩子，但只有三个活了下来，分别是老大罗伯特、老二路德维格、老三艾尔弗雷德。罗伯特和路德维格开创了高度一体化的大型石油联合企业，主宰了俄国的石油贸易，因此被后人称为"巴库石油大王"。

起了进攻。塞缪尔的战略核心是应用精密的技术和安全设施组建一直能通过苏伊士运河的全新的油轮船队。相对于标准石油公司来说,这就缩短了运输路程,大大降低了成本。标准石油公司的邮轮是老式的,必须要绕道非洲南端的好望角才能到达亚洲。

尽管这是不同重量级别、实力和背景相差颇大的较量,不过塞缪尔并不怕,他要和自己少年时的偶像一决高低。塞缪尔马上应对洛克菲勒挑战,他也降低了石油的价格,并且组建了船队,通过苏伊士运河将石油运往远东的新加坡、曼谷等地,在那里,洛克菲勒的触角相对较弱。洛克菲勒知道了以后,又在伦敦掀起了反对壳牌石油公司通过苏伊士运河的行动。但这个时候,塞缪尔已是伦敦市参议员,利用和英国上层人物的交往,他得到了可以通过苏伊士运河的许可。洛克菲勒不断地降低油价,导致了世界范围的石油价格狂跌。塞缪尔则动用了庞大的船队和密集的销售网络,乘机占领了破产的中小石油商丢下的大片市场。

洛克菲勒接连的进攻,都被塞缪尔成功地打退了。1901年,塞缪尔和海湾石油公司合作,预定了该公司未来21年的产量。随后,他又与美国得克萨斯油田联盟,在洛克菲勒的大本营,抢去这个洛克菲勒重要的合作和贸易伙伴,把自己的势力直接打进了洛克菲勒的心腹。这个时候,他的一举一动都会让这个老前辈都头疼不已甚至有点"胆战心惊"。

洛克菲勒不愿意让这个小辈在他面前"耀武扬威",于是他多次邀请塞缪尔谈判,开出了让人眩晕的高价希望收购壳牌公司,但塞缪尔断然拒绝了他。洛克菲勒再也忍耐不住了,他发动了对塞缪尔的致命攻击:乘着塞缪尔合作的油田枯竭的时候发动价格大战,操纵德意志银行迫使塞缪尔退出德国市场。而塞缪尔也使用了绝招:与荷兰皇家石油公司合并,组成了荷兰皇家壳牌石油公司。

最终,塞缪尔成为与洛克菲勒齐名的石油大王。塞缪尔被誉为犹太人的商业奇才，他的成功不仅得益于犹太人在商业上的天赋和自身的勤奋努力，也与他善于发现商机、勇于创新和敢于竞争的精神密不可分。竞争在19世纪中期形成规模，成为标准石油托拉斯锐不可当的竞争对手。

>>> 英国皇家石油公司炼塔林立

美国与沙特阿拉伯联姻缔造石油帝国

由于独特的地理位置，加上丰富的石油资源，处在中东的阿拉伯国家，一向是以富有著称，沙特阿拉伯便是其中的佼佼者。沙特阿拉伯已探明石油储量约3671亿桶，仅次于委内瑞拉占世界石油储量的17%，占整个中东的30%左右。而且不同于委内瑞拉，沙特阿拉伯的石油不管是开采难度，还是原油品质，都要远远胜于委内瑞拉。正是由于有着这么多低价高质的石油，才会让沙特阿拉伯在石油贸易中赚得盆满钵盈，甚至让它一度成为掌握全球石油命脉的关键国家。

不禁有人要问："在第一次全球石油争夺开始的时候，阿拉伯半岛为什么没有引起石油帝国主义的兴趣呢？"究其原因就是所有人都确信这个地区没有一滴石油。之所以会出现这样的"定论"，BP公司"功不可没"。

【延伸阅读】

阿诺·威尔逊的发言

1923年，BP的总经理阿诺·威尔逊先生就曾对沙特阿拉伯发表过这样的看法："我本人认为在这个地区是不可能发现石油的（伊本·绍德国王统治的地区，后来沙特阿拉伯地区石油最富有的地区）。据我所知，那儿没有丝毫石油存在的迹象，而且那里的地理构成一点也不是我们所喜欢的；但是，不管怎么说，没有公司能承担得起在这种地质构造的地区钻井的费用，除非能找到一些石油存在的明显迹象。"

由于人们认可 BP 公司在波斯湾地区的经验,他否定的断言也就成了对该地区的定论,而且不容置疑。

随着工业革命的开始,时间来到 20 世纪 30 年代,当石油这种长时间内沉睡在土地之中的黑色液体成为人类文明核心驱动燃料的时候,阿拉伯半岛上的国家的命运也随之发生改变。

阿美石油公司是 1988 年收归国有的沙特阿拉伯国家石油公司的简称(又称沙特阿美),是世界上最大的石油生产公司和第六大石油炼制商,业务遍及沙特阿拉伯和全球。它的发展历程堪称是沙特阿拉伯从近代以来不断追寻石油资源国有化的写照,也是沙特阿拉伯民族利用本国自然优势,努力在世界舞台上扩大影响力的主要事件。

>>> 签订协议(何丽萍绘)

1933 年,美国的标准石油公司在沙特阿拉伯东部发现了商业价值的石油资源,沙特阿拉伯政府与加利福尼亚标准石油公司签署了特许权协议,开始在沙特阿拉伯勘探石油,并创建了子公司加利福尼亚阿拉伯标准石油公司(以下简称 CASOC)来管理该协议。该公司就是现在的沙特阿美石油公司的前身。1936 年,CASOC 面临着高投入低回报的棘手问题,为了减轻自己的负担,于是邀请了美国的另一家兄弟公司——得克萨斯石油公司(即后来的"德士古石油",Texaco)加入进来,"抱团取暖"。得克萨斯石油公司加入 CASOC 后，获得了 50% 的股权。使阿美成为一家美国股份制企业。

时间来到 1938 年，在沙特阿拉伯东部省达兰附近的达曼圆顶上发现了第一个商业油田——达曼油田，从此拉开了沙特阿拉伯石油工业大发展的序幕。1940 年，沙特阿拉伯又发现了布盖格油田。布盖格油田位于沙特阿拉伯东海岸，1946 年投入开发。该油田长约 50 千米，有 3 个侏罗系产油层和深部二叠系产气层，石油产量 40 万桶 / 日。

1944 年，加利福尼亚阿拉伯标准石油公司的名称更改为阿拉伯美国石油公司，总部设在旧金山，简称阿美石油。1948 年，埃克森公司和美孚公司加入该公司，变为四家公司合资的公司，其中雪佛龙和德士古的股份分别由 50% 降至 30%，埃克森公司持股 30%，美孚公司持股 10%。

1948 年，中东地区石油结构出现重要拐点，沙特阿拉伯发现了世界最大陆上油田——加沃油田，世界石油格局发生重大改变。油田含油面积 2300 平方千米，为侏罗纪碳酸盐油藏，原始可采储量高达 82.6 亿吨，从 1951 年开始投产。此后，沙特阿拉伯又发现了海上萨法尼亚油田，保守估计可采量估约 82.6 亿吨。

1988 年，根据王室法令，阿美石油公司被沙特阿拉伯政府国有化，公司名称改为沙特阿美石油公司，接管了原阿美公司所有资产与经营权，成为沙特阿拉伯境内唯一一家从事石油勘探与开发的公司。

沙特阿拉伯能源部、工业部、矿产部发布报告称，国际最新独立审计评估结果显示，沙特阿拉伯目前已是全球第二大原油储备国，约占全球储量的 20%。

这一切都源于创始人约翰·菲尔·霍利迪的远见卓识，是他在 1933 年带领团队在沙特阿拉伯发现了丰富的石油资源，并与沙特阿拉伯王室建立密切合作关系，奠定了沙特阿美公司的发展基础，也创造出许多重要的里程碑事件。具体举措有以下几个方面。

（1）有效利用丰富的石油资源。沙特阿拉伯拥有巨大的石油储量，这是沙特阿美石油公司崛起的关键因素之一。沙特阿拉伯的石油资源为公司提供了坚实的基础，使其能够在全球石油市场上占据重要地位。

（2）得到国家的大力支持。沙特阿美石油公司得到了沙特阿拉伯政府的大力支持，包括政策、资金和资源等方面。这种国家支持有助于公司的发展和扩张，并在国际市场上具有竞争优势。

（3）不断突破技术创新。为了提高石油产量和效率，沙特阿美石油公司在技术创新方面投入了大量资源。公司不断改进勘探、开采和生产技术，以满足全球对石油的需求。

（4）冒险扩张，开创全球市场。随着公司的壮大，沙特阿美石油公司逐渐扩大了其在全球范围内的业务。它在不同地区投资和开展项目，以确保石油供应的稳定性和多样性。

（5）迎接市场的挑战。尽管沙特阿美石油公司取得了巨大成功，但它也面临着一些挑战和冒险。例如，全球石油市场的波动、环境问题和可持续发展的压力等都对公司的业务和未来发展产生影响。

（6）进行多元化和转型。为了应对未来的挑战，沙特阿美石油公司正在努力实现业务多元化，并探索可再生能源和其他领域的机会。这是公司在长期发展中的一项重要战略。

总的来说，沙特阿美石油公司的崛起得益于其丰富的石油资源和沙特阿拉伯国家支持，同时也在技术创新和全球市场扩张方面取得了显著成就。在随后的80多年里，沙特阿美石油公司不断壮大，经历一系列的冒险和挑战成为世界上最大的产油国和综合性石油化工企业之一，被誉为"石油帝国"，成为世界石油的操盘手。

美孚倾销"洋油"无孔不入

>>> 亚细亚的宣传海报

>>> "亚细亚大楼"外观全景

1870年,英国商人麦边将上海中山东一路延安路路口的房屋大部分租借给亚细亚火油公司,它是垄断中国石油制品的大公司,向中国人销售火油,一时间引来国人无数关注。

知识链接

火油

今天的年轻人可能对"火油"感觉很陌生,就是"照明煤油",又称灯油。因为近代的煤油先是来自西洋,所以又被中国人叫作"洋油",粤语也称"火水"。其实这曾经是中国人日常生活中最重要的一种东西,属于轻质石油产品的一类,从天然石油或人造石油中提炼出来。

>>> 民国时期美孚火油公司圆形"美孚行"商标

>>> 美孚灯底部瓷片上的"美孚行"标识

>>> 带有"美孚行"标识的美孚灯局部

在当时的条件下人们使用煤油是有顾虑的。一是价格，二是安全。当时中国不产油，需要从国外进口，所有城市售卖的油料都是外国牌子，用轮船从外国运过来，然后用铅皮桶分装，论斤或者论加仑出售。这种单方面的卖方市场，造成了"洋油"价格昂贵和短缺。煤油刚刚进入中国，作为照明使用的时候，与中国传统旧式油灯配合使用，有很多安全隐患。当时的报纸上经常有"火油毙命""火油烧身""油行失火"等有关油灯引发火灾的新闻。中国人因为恐惧，还是多以豆油、菜油照明。"火油致灾"的新闻层出不穷，所以，中国很多地方政府发布过禁用火油的行政命令，这对洋商的煤油生意造成了很大影响。

外国资本在中国倾销"洋油",从19世纪60年代初到新中国成立前夕,"洋油"垄断中国石油市场达八十多年之久。

在侵占旧中国石油市场的众多外国石油公司中,以美国美孚石油公司、英荷壳牌石油公司所属亚细亚石油公司和美国德士古石油公司的势力最大,并且一直占据着垄断地位。

美孚石油公司是第一个在中国销售煤油的外国石油公司。它于1894年正式在中国设立办事处,1903年在上海建立油栈。亚细亚石油公司于1907年开始在中国营业。德士古石油公司从1913年起,先后在上海、广州、汉口、天津、青岛五处设立分公司。三大石油巨头形成了你追我赶的垄断格局。

洛克菲勒最先嗅到商机,奋不顾身地进入到中国市场,开展石油和煤油业务。当年,洛克菲勒为了让美国标准石油公司更容易让中国人接受,还取了个中文名字来登记,译为"美孚"。"美"既有美好的意思,也可用来指代美国,"孚"在古汉语里是"诚信"的意思。"美孚"就有了美好又诚信的意思,而且是来自美国。

虽然有媒体大力鼓吹煤油和煤油灯的好处,但是出于经济成本和安全方面的考虑,煤油灯的推广开始并不顺利。为了扩大煤油在中国的销路,美孚石油公司在华的代理机构曾经于光绪九年(1883年)在《申报》上刊文说明火油无害,"火油有利而无害,何不用耶?缘我美国与中国同属大邦国,自来无虞交谊最厚,而彼此同感,均以商务为重,信义为怀,是以敢用告布。"

面对窘境,仅仅舆论呼吁是不够的,洛克菲勒用了一个小小的营销手段将问题迎刃而解。他虽然没有学过经济学,但却熟知"弹性需求"和"规模经济"的关系,他一贯相信"买卖规模大一些,产品单位利润小一些"是良好的经商之道。于是,他就免费送给居民煤油灯,还教他们如何使用，打消对煤油灯的恐惧。洛克菲勒说："中国人不是怕煤油危险，嫌煤油灯贵吗，那我就大搞赠送活动。赠送活动，确保消费者会买煤油来点灯，从而刺激对煤油的需求。"

>>> 美孚牌煤油灯

他的公司以此办法，低价卖出了成千上万盏优质煤油灯和灯芯，有时还免费赠送给第一次买煤油的顾客。这一方法的确奏效，美孚油灯后来风靡整个中国，极大地带动了美孚煤油在华销售量的增长，仅在华北地区，美孚煤油从1903—1913年的销量就从350万箱，上涨到900余万箱子，涨幅将近3倍。到了1910年，美孚石油公司输入中国的煤油就占了这家公司全部煤油出口量的15%。根据1935年一项调查统计，中国农村有54%的家庭购买煤油，足见美孚油灯的普及率非常高。

不得不说洛克菲勒是一个与众不同的商业人，他与普通生意人最重要的区别就是："不卖煤油，只卖光明"。他"心系"顾客，围绕顾客的需求做生意，每天想着如何建立和维护好与用户的关系。让顾客在不知不觉中陷入他织就的天罗地网之中。

正如毛泽东所指出的：帝国主义列强从中国的通商都市直至穷乡僻壤，造成了一个买办的和商业高利贷的剥削网，造成了为帝国主义服务的买办阶级和商业高利贷阶级，以便利其剥削广大的中国农民和其他人民大众。

从鸦片战争后到19世纪末，帝国主义列强输入中国的石油产品与日俱增。根据1949年以前的44年间共进口"洋油"2800万吨。这对民族石油工业带来不小的冲击。

列宁与红色石油大亨的友谊

1920年，苏俄❶正处于国内战争期间，国民经济到了接近崩溃的边缘，加上发生大饥荒，经济十分困难，百姓生活困苦，日常的生活所需根本无法得到保障。当时，由列宁领导的苏维埃政权，虽然采取了引入外资的"新经济政策"，但是由于西方其他国家依然对苏俄充满了偏见和仇视，所以，西方的商人都不愿意与苏俄有任何生意上的往来。

"乱世出英雄"。有这么一双慧眼看好了这片市场，他知道风险与利润成正比，高风险就有高利润。所以他不顾家人和朋友的多次劝阻，坚持要去苏俄与列宁做生意。此处借用现在巴菲特的一句话来说就是"别人恐惧时我贪婪，别人贪婪时我恐惧"。

1921年，他购买了全套野战医院设备和多辆卡车，加上包装和运费，价值1万美元。此外还有1.5万没有购买的担架、药品和最新仪器设备，带着献给苏维埃政府的见面礼，初夏他踏上了前往俄国的征程。

刚开始对于他的投怀送抱，列宁心里是存有疑惑的，但是面临苏俄国内形势和他的诚意，不得不选择相信。得到列宁的同意后，他电报哥哥在美国购买100万美元的小麦运到苏俄，以易货的方式换取了苏俄的白金、绿宝石和毛皮，在解决苏俄老百姓的粮食问题的同时，也从中狠狠地赚了一大笔。他的这一举动成了苏俄的救星，也深得列宁的信任。这个"他"就是哈默。

---

❶ 1917年十月革命胜利后，成立的俄罗斯苏维埃联邦社会主义共和国，简称苏俄；1922年成立苏维埃社会主义共和国联盟，简称苏联。

阿曼德·哈默

阿曼德·哈默（Armand Hammer）（1898—1990年），犹太人后裔，1898年生于美国纽约市。父亲朱里埃斯·哈默是美国共产党的创始人之一。1919年哈默在哥伦比亚大学获文学学士学位时，接管了父亲的制药厂。1921年获得医学博士学位时，已拥有200万美元的资产，成为一名学生企业家。随后，他去了苏俄，为两国的贸易和矿物开发做了大量的工作；同时还在苏俄建立了铅笔生产厂，把美国成功的管理经验传授给这家工厂。1956年购买了西方石油公司，开创了西方世界的又一个石油王国。后来他又涉足艺术品收藏与拍卖、酿酒、养牛等行业，在每一个领域里都取得了非凡的成功。1982年，西方石油公司已成为全美第12个大工业企业，成为紧挨着"七姊妹"的世界第8个最大的石油公司。1990年12月10日因病逝世，享年92岁。

>>> 阿曼德·哈默

1921年10月14日，列宁第一次会见哈默后给俄共中央委员会手写了便条："哈默以非常优惠的条件（5%的佣金）给乌拉尔工人100万普特的粮食，并愿进口一些乌拉尔珠宝在美国出售"。

1921年11月3日，在哈默离开莫斯科前夕，列宁给他写了一封热情洋溢的信。信中写道："为给我国工人送来的面粉，为您承租企业，谨向您和您的朋友

>>> 列宁于1921年10月21日送给"哈默同志"的照片

再一次致以崇高的敬意。这个开端是极其重要的。我希望这将会产生巨大的影响。"列宁还送给哈默一张他本人的照片,上面写有英文题词:"给阿曼德·哈默同志。弗拉基米尔·伊里奇·乌里扬诺夫(列宁),1921年11月10日"。哈默事后把列宁送给他的照片镶在镜框里,一直挂在洛杉矶西方石油公司总部他的办公室。

哈默与列宁的友谊也体现在一些小细节上,比如哈默曾从伦敦购得一个凝视着人类头盖骨的青铜小猴子,坐在达尔文的书籍《物种起源》上,并将其赠送给了列宁。他对列宁说:人类应该学会相互尊重,学会遵循自然法则,否则的话,高度发展的文明不仅会毁灭自然,最终也会毁灭人类自己。列宁极欣赏这个青铜小雕像的象征意义,据说他曾经下命令,不准任何人从他的办公桌上拿走这尊青铜猴子小雕像,他要给自己以警醒。

>>>哈默送给列宁的青铜雕塑复制品

>>>哈默走下舷梯

　　哈默无论在东方还是西方，都可谓是一位颇具传奇色彩的人物。在西方，他被称为点石成金的万能富豪，数次在资本主义经济危机中抄底，在历史的进程里建立起庞大的财富帝国。而在苏联和中国，他却是家喻户晓的"红色资本家"，一生中多次雪中送炭困难中的社会主义国家。在苏联最困难的时候，第一个站出来伸出援助之手，做过列宁的朋友，见过赫鲁晓夫、戈尔巴乔夫；在中国，他是中国改革开放后第一位来华投资的外国资本家。他既经商，又为维护世界和平、赈济乌拉尔灾民、反对希特勒侵略、促成美苏最高级会议、拯救切尔诺贝利事故受害者，乃至为征服癌症而不遗余力，是一位伟大的人道主义者。他的成功也源于他在政治上敢于冒险，尤其是在与苏共和列宁的关系上。

>>>哈默和勃列日涅夫

>>>哈默与戈尔巴乔夫

  1979年2月2日,邓小平访问美国得克萨斯州的休斯敦期间,哈默略施妙招,骗过特工混进宴会队列。当邓小平走到他面前时,一眼就认出了他,随即握住哈默的手说:"我们都知道你。你就是在苏联需要帮助的时候帮助了列宁的那个人。""列宁做媒",两个月后哈默应邀访问中国,与中方签订了包括石油勘探、煤矿开采、杂交稻种和化学肥料等方面的初步协议,开始了与中国的经济合作计划。

"美国最富有的人"保罗·盖蒂

>>> 保罗·盖蒂

保罗·盖蒂（1892年12月15日—1976年6月6日），人称石油怪杰，1957年美国《富豪》杂志认定他是"美国最富有的人"，并称霸美国首富20年。这个世界首富是名副其实的"油二代"。

1892年，保罗·盖蒂出生在美国，他的父亲老盖蒂原是一名成功的律师，虽说是千万富翁，但也是一个把资本家品质融入骨髓、将精明刻入灵魂深处的人。1903年，老盖蒂在印第安纳人保护地买下445公顷土地，拥有了石油与天然气开采权，创办了明尼荷马石油公司。非常幸运的是，这块"50号地"上，钻了43口井就有42口都流出石油，真是"没处讲理"的节奏，成功律师变身成功"石油人"。作为儿子，保罗12岁就在父亲油田体验生活两年，真切感受到了钻井出油的喜悦。父亲认为保罗不是学习的料，不如早点出来历练。保罗确实不算是个好学生，无论是高中还是大学，成绩总是不及格。在几番周折之后，总算取得了牛津大学的文凭。16岁保罗主动要求去油田做点事情，父亲让他从钻井工人干起，每天工作12小时，给3美元，并同工人同吃同住。此后三年，他一边上学，一边利用暑期在油田工作，成为一名合格的司钻和修理工，也熟悉了钻井全过程。

石油与经济

1914年9月,保罗大学毕业,白手起家,和父亲合伙做生意。父亲提供全部资金,保罗负责勘探,如果发现了石油,利润则"七三"分成。就这样没有经验的保罗找了几个合伙人,开着二手福特车,在俄克拉何马州探油。为了竞标一块有价值的土地,他把当地知名的银行家请到拍卖会上去开价,明面上给大家造成错觉,银行家是在为幕后大财团竞标,小公司无法与之抗衡。因此,原本预测拍卖价1.5万美元的土地的探油许可权,保罗以惊人的500美元的价格便轻松获得。父子俩合作成立了盖蒂石油公司,保罗持股30%。仅一年时间,获利超过100万元,父亲毫不客气抽走70%的利润。24岁时他已拥有了百万身价,但他并没有继续石油事业,而是去申请当了飞行员。

1919年,美国加利福尼亚南部出现找油热潮。保罗重新投入石油行业,因轻信他言,10万美元打了水漂,但也让他知道以后再干项目都要亲自去现场监督,融入其中,才能高效率完成。不得不说保罗是幸运的。1921年10月,洛杉矶发现新油田。凭着直觉,盖蒂父子认定这是高产油田,马上租下这块地。第二年年初,油田日产油高达2300桶(约11.5万吨/年)。从1922年到1937年的15年内,他们从这个油田就赚取了600多万美元。

当然,保罗在财富增长的路上也不是一帆风顺的。

1927年,保罗在亚拉密高地钻出4口高产井,总日产高达17000桶以上,却迟迟找不到原油的买主,接洽的几家都拒绝收购,他们试图合伙逼迫保罗低价卖掉这块油田。后来虽解围成功,但整个过程也着实让保罗惊出一身冷汗。后来又有两次决策失误,让他后悔莫及。1932年,最大的一次失误是保罗失去了进入中东这个世界石油"聚宝盆"的大好时机。

1930年，老盖蒂仅留给保罗50万美元就撒手人寰了，他知道不缺钱的儿子可以放手大干一场了。保罗以敏锐的商业眼光盯上了潮水联合石油公司，他认定：光搞石油勘探和生产是不行的，必须从上游向下游发展。

保罗决心要控制潮水公司，但是他后来发现，潮水公司的控制权掌握在世界最大的石油公司新泽西石油公司（即后来的埃克森公司）手中。在保罗为此事犯愁之时，正好洛克菲勒灵机一动决定把潮水公司的股票转移给内华达州的"任务"（控股）公司，并把"任务"公司的股票分散给持股人。保罗抓住机会，一举投入180万美元，以每股10.125美元的价格吃进"任务"公司的一大部分股票。洛克菲勒事后知道犯了一个大错误时已经晚了。1933年，保罗已拥有潮水公司的26万股普通股，被选为公司的董事。在董事会得不到发言权的保罗继续大量持股，直到1940年底，持股达173万股，超过总股份的1/4，他的一些主张开始被公司采纳。1951年底，他拥有的股份已使他取得了公司的实际控制权。1953年，这场持久战终于以保罗的胜利而告终，董事会中的成员仅有一个人不是盖蒂公司提名的，此时潮水公司的资产已超过8亿美元。

如法炮制，1937年他用类似的手段取得了密兴石油公司的控制权，占股57%。当年，密兴石油公司获得利润640万美元，盖蒂大获其利。

斯凯利石油公司有一家子公司，叫斯巴达飞机公司，1928年已开始制造飞机，兼培训飞行员。它是一家小飞机工厂，却是美国最大的飞行学校。第二次世界大战期间，保罗全力投入斯巴达公司的经营管理，为国家生产了几百架轰炸机、教练机和大量飞机部件，更重要的是先后培训出1700多名优秀飞机驾驶员，从而为赢得战争胜利作出了重大贡献，受到军方赞赏。战后，这家企业改行生产家用拖车。保罗也于1948年离开这里，重新投入石油事业。

1932年，保罗错失进入中东石油的机会，他总心有不甘。1949年，他又看上了沙特阿拉伯和科威特之间一块不毛之地，决定倾家荡产也要搞到手。当时很多人觉得他是老糊涂了。保罗则"一意孤行"，不仅一口气买下了这片土地60年的特许经营权，还投入3000万美元用于勘探和生产。4年后，这片不被看好的土地上发现了含油砂层，接着就开始喷油，很快年产量就达到1600万桶。亿万富豪盖蒂由此诞生。

马太单枪匹马大战"七姊妹"

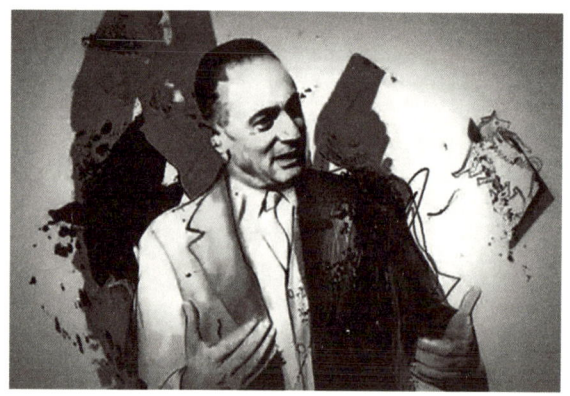

>>> 马太

知识链接

石油"七姊妹"

石油"七姊妹"实现了对整个资本主义石油市场的寡头垄断,它们掌握了除美、加以外资本主义世界石油天然气资源的90%以上,还控制了石油贸易,操纵着市场价格。这些公司追求的政策是在全世界限制产量,维持高价格,把它们的原油以远远高于生产成本的价格出售给贫油的欧洲国家。但1970年之后,因为石油输出国组织的成功,联盟逐渐走向解体。"七姊妹"呼风唤雨的能力大大被削减,而使之弱化的力量则还来源于后起之秀的"国家队"接连登上世界石油经济舞台。

20世纪40年代后期,七大石油公司垄断油源和市场,控制着中东的石油资源,意大利石油业也难逃控制和盘剥。意大利现代能源工业创始人恩里克·马太(也译为马太伊)在极端气愤下,借用"列侬阿德斯七姊妹"的神话以"七姊妹"来指代这七大巨头公司。

马太被称作意大利的经济教父。他的名字在古普鲁士语中意为"决心"。第二次世界大战期间,他是意大利最大的非共产党抵抗组织的领导人。24岁加入第二次世界大战期间的

石油与经济

反墨索里尼地下反抗运动组织。1945年受命解散法西斯创设的国营石油公司阿吉普（AGIP），马太将AGIP转型重组为一家意大利重要的工业集团。

马太提出，使用美元储备去购买美国和英国的石油，是意

>>> 马太视察油田

大利沉重的负担，是战后贸易赤字的主要原因。意大利战后经济要重建，就必须建立本土能源。意大利不应当屈服于这七家公司的权威，要建立自给自足的国民经济。他积极进行国土勘探，1946年在卡维亚附近、1949年在克莱莫纳南部获得重大发现，不仅有天然气，而且第一次在意大利发现了石油。馋涎欲滴的美国石油巨头哪肯善罢甘休，试图共同对付马太，但他们的图谋却无果而终。马太是一位坚定的意大利民族主义者，在他的提议下建立了一条2500英里长的天然气管道，把天然气从克莱莫纳输送到米兰和都灵等工业城市。从天然气销售中得到的收入用于建设AGIP遍布意大利北部整个工业区的工业基础设施，并致力于打造一家根植于意大利的跨国石油公司。

1953年2月，马太成功地游说通过了一项新法案，根据该法案设立一家由马太任总裁的半自治的国家能源控股公司（ENI），下辖石油和天然气提炼子公司（AGIP）和管道子公司（SNAM），该公司很快就在全意大利建立了油船队和加油站网络，在质量和客户服务上超过了埃索和壳牌，第一次融入了现代化的餐馆和现代化设施。

>>> 马太（左二）工作照

运用与AGIP同样的模式，马太投资于炼油厂、巨型化工企业、使用ENI的天然气作原料的合成橡胶厂，以及专门建设ENI的炼油厂和相关设施的重型工程建设公司，公司还收购了一支油船队，专门帮ENI从海外运送石油，打破了英美船队的垄断。

1958年，意大利天然气销售中仅由ENI经手的部分就达到了每年7500万美元。在战后15年的时间里，在建设意大利工业方面，没有哪个人的贡献比他大。

马太这样跟"七姊妹"死扛后果可想而知。早在1954年，美国驻罗马大使馆就对马太的活动敲了警钟，在给华盛顿的大使备忘录中写道："在意大利经济史上，一家国有公司拥有如此好的财务偿还能力，这是第一次。这完全归功于这家企业卓越而负责的领导者"。

如果说马太在意大利的能源独立计划激怒了"七姊妹"公司和它们背后的英美利益集团,那么,他在海外寻求独立原油供应的努力,特别是当"七姊妹"公司得知马太与发展中国家签署合同的条件时,更是将这种愤怒转变成对这位意大利实业家疯狂的仇恨。

马太对英美主要的石油公司的真正挑战是 1957 年进入伊朗。

1957 年春,马太就一项前所未有的安排开始与伊朗国王谈判。交易的条件是,在新成立的合资公司 SIRIP 里,伊朗国家石油公司将得到总利润的 75%,ENI 得 25%,该公司拥有在伊朗 8800 平方英里可能含有石油的未分配地区 25 年的垄断开采权。一位英国高级官员表示,"意大利人在中东的石油产区又伸进来一条腿"。

但是,抗议并没有立竿见影。1957 年 8 月,马太和伊朗达成了开创性的协议。在谈到这一合同的潜力时,马太表达了自己的观点,"中东现在应当是工业化欧洲的中西部",这体现了他打算由欧洲帮助建设中东的工业和技术基础设施的谋划和布局,石油协议只是第一步。

在意大利内部,马太继续对"七姊妹"公司施加压力,他对消费者采取累进制价格优惠政策,并且说服意大利政府降低过高的汽油税。这一政策的直接结果就是迫使英美石油公司在意大利降低油价,1959—1961 年油价降低了 25%,这对意大利战后第一次真正的经济恢复具有非常重要的意义。

1962 年马太搭机飞往米兰,飞机在暴风雨中坠毁,马太身亡。当时意大利内政部长宣称纯系气候不好,然而近年重新调查,发现马太和机师骨骸内嵌有爆炸物的碎屑,当地黑手党声称是若干意大利与外国人士下的毒手,本案迄今无定论。他的故事被拍成了电影《马太伊案件》,更让他单枪匹马挑战"七姊妹"的故事推向石油经济的风口浪尖。

石油淘金热的幸运儿优尼科

>>> 优尼科企业标识

2005年6月22日，当中国海洋石油有限公司（中国海油）宣布愿以186亿美元现金的方式并购美国加州联合石油（译名优尼科）后，"一个发展中国家的石油企业以高出对手的价格准备收购一家百年历史西方石油公司"消息马上传遍整个能源界。美国政界大肆渲染政治论，致使竞标未能如愿达成。那优尼科到底是怎样的一个企业呢？

优尼科是加利福尼亚联合石油公司的简称。它是美国，也是世界的大独立石油公司（指独立于石油"七姊妹"之外的石油公司）。

1859年，德雷克打开了石油矿产宝藏的大门，开创了现代石油工业。宾夕法尼亚州形成找油的高潮，每个人都跃跃欲试，就住在附近的一名19岁制革工人的儿子——莱曼·斯图尔特用125美元，买下了一口油井1/8的股权，开始了他的石油人生梦。1872年，他完成了第一桶金的财富积累，从石油生产和土地租用上挣到了30万美元，这也为成就一代伟业奠定了物质基础。

>>> 优尼科公司的储油罐、储油车和"76"标识

1890年10月17日,华莱士·哈迪森、莱曼·斯图尔特和托马斯·巴德在加利福尼亚州圣保拉市共同创立了加利福尼亚联合石油公司,资金总额500万美元,总股份为50000股,由哈迪森与斯图尔特公司(占21912股)、托马斯·巴德的塞普石油公司和托利·凯尼恩石油公司这三个公司共同持股。公司成立初期,经历了创始人之间的斗争和一段艰难的发展时期。尽管面临诸多挑战,但早期的石油产量却非常可观,占当时加利福尼亚州产量的近四分之一。这是当时不属于标准石油集团的独立公司。1900年,莱曼·斯图尔特成为公司唯一留任的创始人,在他的领导下,联合石油公司开始了快速发展,进行了一系列业务拓展。斯图尔特和其合伙人创建的加利福尼亚联合石油公司(优尼科)被一同载入史册。

1890年优尼科成立之前,由于缺少油气,加利福尼亚州一带还没有汽油车,而正是优尼科的出现改变了这一现状。

成立后的 1892 年 2 月 28 日，他们在洛杉矶西北文图拉县一个峡谷里钻了一口探井——阿达姆斯 28 号井，发生井喷，日产 1500 桶（约 75000 吨/年）。此事轰动加利福尼亚。

1903 年，优尼科成立了西方第一座石油工厂，并建造了世界上第一条运油船。庞大的规模经济带来了商机，石油工业的支撑使加州在美国南部飞速地发展起来。与当年的淘金热相似的是，大批大批怀着发财梦的投资者来到这里，不过这回他们是冲着优尼科营造的石油经济而来的。

20 世纪 20 年代末，公司的年总营业额发展到 9000 万美元，原油年产量增加到 1800 万桶（约 245 万吨）。然而美国的大萧条结束了联合石油公司的繁荣，公司不得不卖掉一部分股份。

>>> 优尼科"76"商标格外醒目

为了摆脱经济大萧条，联合石油公司开展了前所未有的广告宣传活动。1932年，公司征集为它的汽油用的商标设计，选中了英籍董事罗伯特·马修斯的方案"Union76"。它具有爱国主义的内涵，而且它的汽油的辛烷值又正好是76。对于20世纪30年代的美国人来说，优尼科的"76"标志在某种程度上是美国精神的一个特色代表。

第二次世界大战爆发后，为适应对石油产品需求的迅速增大，联合石油公司也扩大了石油生产，航空燃料油的产量增加到战前水平的7倍，公司也成为美国海军舰只在太平洋地区作战的燃料油供应商。战后，大多数美国的石油公司都大力开发国外业务，它却仍然局限在北美。1949年，它兼并了洛斯尼托斯公司。20世纪50年代，它开始走出国门，先后到拉丁美洲、北非和澳大利亚参与勘探。1965年，联合石油公司逆风翻盘，公司年营业额上升到1.4亿美元，而且又以每股36.5美元买下了路德维格的股份。此后，公司亦是几经波折，但财富值稳中有升。

20世纪90年代中期，优尼科一直都是美国加州首屈一指的石油和汽油生产商，而且名列美国石油钻探和开采公司中的第九位。按营业收入计算，优尼科是美国第七大石油公司。2001年位于世界最大石油公司的第46位。

然而，辉煌只是曾经。从20世纪90年代开始，优尼科经营出现问题，不得不出售一些资产，甚至连一度是自己骄傲的"76"商标也一齐卖掉。连年亏损让优尼科债台高筑，债务曾一度高达61亿美元，在巨大的亏损压力下面，优尼科向美国申请破产，并在2005年1月份挂牌出售。

石油从一文不值到价格飙升

国际石油价格的缘起可以追溯到19世纪。当时石油开采量有限,它只能零星地出现在人们的日常生产生活领域,人们对石油的依赖性并不强。"没有需求也就没有市场",开始之初,由于不知道它的功能,几乎不能作为有价值的物品进行以物换物,石油对于普通老百姓来说还是一文不值。

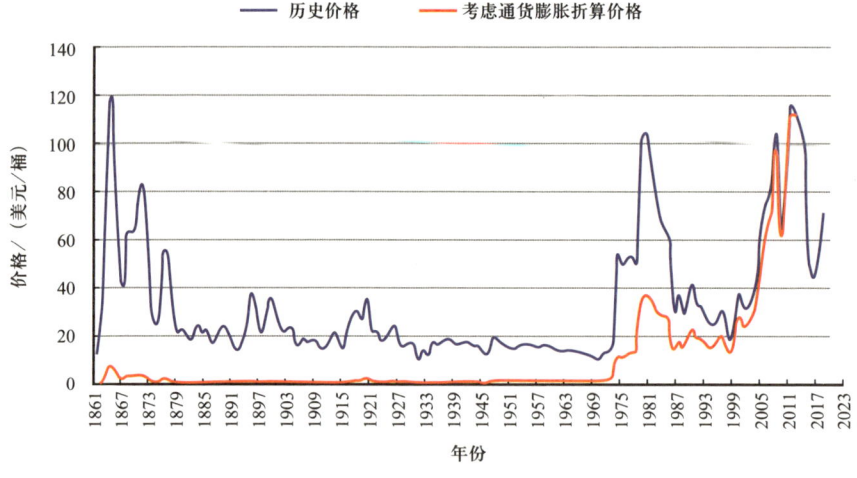

>>> 1861—2017年石油价格波动图

随着时间的推移,人类经历了四次工业革命以及两次世界大战,直接把石油推到了风口浪尖上。石油开始成为一种重要的能源资源,被广泛应用于照明、燃料等领域。随着石油需求的增加,石油价格一路狂飙,并显现出兴衰迭起的特征，而且每次的起伏都会导致石油政治和经济的动荡。

从长周期视角看百年原油价格变化，曾出现过三次价格高峰，而且每一次的油价高峰，都见证了一个大国的崛起和兴盛。从1861年至2017年的原油年度价格走势可以看到这些年石油价格的波动。

1859年美国宾夕法尼亚州打出的第一口油井，那时的原油主要用来提取照明用煤油，由于质量和价格具有优势，很快将从煤和动植物中提取的煤油逐出了市场，原油的需求在全世界迅速扩大，原油价格也水涨船高迎来了10年的高峰期。美国在这场产业变革中处于主导地位，一度占据全球照明用油90%的市场份额，原油出口为美国带来了巨额的财富，迅速扩充了国力。

19世纪80年代，俄国巴库油田大面积开发，巴库—巴统输油铁路开通，俄国原油开始冲击全球原油市场，俄国政府也因"原油财富"在19世纪最后10年里实现财政收支基本平衡。

20世纪初，国际石油市场主要由美国、俄罗斯等国家主导。内燃机作为第二次工业革命的标志性发明，再次拓宽了原油的用途，全球的汽车、飞机、轮船都需要汽柴油作为燃料，相比之下照明用油市场受到电力市场的影响开始萎缩。1911年，汽油的销量首次超过煤油。在燃料需求的拉动下，由1920年的6.9亿桶增长到1940年的21.5亿桶，世界原油产量快速攀升。两次世界大战更是激化了各国对原油燃料的需求，原油上升为重要的战略资源和军事资源。就这样，伴随着原油需求和产量的扩张，拥有最强原油工业的美国，借助采油、炼油和原油贸易一步步走上了超级大国之路。

第二次世界大战结束以后，中东以其储量巨大、埋藏较浅和品质优秀的原油，逐渐取代美国，成为全球石油供应的重要来源，国际石油价格也开始受到中东地区局势的影响。

1960年，沙特阿拉伯、科威特、伊朗、伊拉克和委内瑞拉等在巴格达成立了原油输出国组织，简称欧佩克（OPEC），开始逐步夺回属于自己的原油资产和原油定价权。

1973年10月，第四次中东战争爆发，为了打击以色列及其支持者，阿拉伯国家决定提高原油价格，从每桶3.011美元提高到10.651美元，涨幅超过两倍。

这导致了全球范围内的石油短缺和价格飙升，对发达国家的经济造成了严重冲击。

1978年，伊朗什叶派领袖霍梅尼领导发动政变，推翻了亲美以的巴列维王朝。随后，伊朗与伊拉克萨达姆政权爆发了战争，油价从1979年的每桶13美元涨到1980年的34美元，对发达国家的工业造成了又一次重创，西方经济开始出现衰退。

20世纪80年代初，受到长达7年的高油价冲击之后，大部分发达国家的工业活动大幅放缓，世界石油需求大幅削弱，石油供应过剩问题开始凸显。1985年8月，美国施压沙特阿拉伯增产，沙特阿拉伯开始迅速增加原油产量，出口从不足200万桶/日猛增至近1000万桶/日。国际油价随后从30美元/桶一路下跌，5个月内跌至12美元/桶，次年4月1日再跌至10美元/桶左右，跌幅近70%。

21世纪以来，随着新兴经济体的快速发展，全球石油需求持续增长，国际石油价格也呈现出上涨趋势。然而，2008年金融危机爆发后，全球经济陷入衰退，石油需求下降，国际石油价格也随之大幅下跌。此后，国际石油价格一直在低位徘徊，直到2016年才开始逐渐回升。

总的来说，国际石油价格的发展历程受到多种因素的影响，包括全球经济形势、地缘政治局势、石油供需关系等。未来，国际石油价格的走势仍将受到这些因素的影响，同时也将受到新能源技术发展等因素的挑战。

参 考 文 献

阿列克佩罗夫，2012. 俄罗斯石油：过去、现在与未来［M］. 石泽，译. 北京：人民出版社.

鲍勃·康西丹，1983. 超越生命：哈默博士传［M］. 北京：三联书店出版.

陈群，张祥光，周国钧，等，1984. 李四光传［M］. 北京：人民出版社.

陈湘球，2018. 国际能源通道恩仇录七——巴库石油的跌宕起伏［J］. 能源（9）：85-91.

陈湘球，2020. 国际能源通道恩仇录 千年圣火点燃了英伦帝国的欲望［J］. 能源（4）：52-55.

陈湘球，2022. 喀尔巴阡山脉脚下的石油硬汉［J］. 能源（3）：76-80.

大庆铁人传写作组，2000. 铁人传（上册）［M］. 北京：石油工业出版社.

大庆铁人传写作组，2000. 铁人传（下册）［M］. 北京：石油工业出版社.

大庆铁人传写作组，2000. 铁人传（中册）［M］. 北京：石油工业出版社.

丹尼尔·耶金，1997. 石油风云［M］. 东方编译所，上海市政协翻译组，译. 上海：上海译文出版社.

丹尼尔·耶金，2008. 石油大博弈［M］. 艾平，译. 北京：中信出版社.

丹尼尔·耶金，2012. 能源重塑世界（上）［M］. 朱玉犇，阎志敏，译. 北京：石油工业出版社.

丹尼尔·耶金，2012. 能源重塑世界（下）［M］. 朱玉犇，阎志敏，译. 北京：石油工业出版社.

丁晓平，2004. 邓小平和世界风云人物［M］. 北京：中国青年出版社.

郭漫，2007. 中国简史［M］. 北京：航空工业出版社.

哈默，1990. 哈默自传［M］. 周直，等译. 天津：天津人民出版社.

洪业，2023. 杜甫［M］. 曾祥波，译. 上海：上海古籍出版社.

胡砺善，1957. 祖国石油与天然气史话［M］. 北京：石油工业出版社.

胡文瑞，2018. 重新发现石油：石油将缓慢地失去青睐度［M］. 北京：石油工业出版社.

黄汲清，何绍勋，1990. 中国现代地质学家传［M］. 长沙：湖南科学技术出版社.

江红，2004. 为石油而战［M］. 北京：东方出版社.

蒋铭. 人类文明史上的孤品——卓筒井［Z/OL］. 四川省大英县政协网，2019-08-29. http://dyx.snzx.gov.cn/content-50f57875a37648e490146b0f5ae66e21-2c93ea826e1ac848016e.394889de0476.html.

参考文献

赖晨,2018. 马尾船政人和台湾石油工业［J］. 炎黄纵横（9）：2.

李聚奎,1986. 李聚奎回忆录［M］. 北京：解放军出版社.

李庆功,徐静之,2014. 战争与能源［M］. 北京：解放军出版社.

李学通,2004. 翁文灏年谱［M］. 济南：山东教育出版社.

李约瑟,李大斐,1999. 李约瑟游记［M］. 余廷明,唐道华,腾巧云,等译. 贵阳：贵州人民出版社.

梁华,刘金文,2003. 中国石油通史［M］. 北京：中国石化出版社.

林元雄,宋良曦,钟长永,等,1987. 中国井盐科技史［M］. 成都：四川科学技术出版社.

刘强,2015. 百年地学路几代开山人：中国地学先驱者之精神及贡献［M］. 北京：科学出版社.

刘德林,周志征,刘瑛,2010. 中国古代井盐及油气钻采工程技术史［M］. 太原：山西教育出版社.

龙南阳,1993. 延长油矿史［M］. 北京：石油工业出版社.

陆坚. 卤风盐韵入诗咸——初探自贡盐业历史文化在诗词中的体现［Z/OL］. 中国盐文化研究中心,2015-10-14. https://ywh.suse.edu.cn/_wx/_wx_home_news_i.aspx?iid=636152472762738903.

陆游,1936. 老学庵笔记［M］. 上海：商务印书馆.

吕华,1992. 中国石油天然气的勘查与发现［M］. 北京：地质出版社.

马镇,2019. 中国石油摇篮——老照片背后的故事［M］. 北京：人民出版社.

迈克尔·伊科诺米迪斯,唐纳·马里·达里奥,2009. 石油的优势：俄罗斯的石油政治之路［M］. 北京：华夏出版社.

毛杰里,2008. 石油！石油！［M］. 上海：上海世纪（上海汉大）.

孟红,2010. 邓小平与哈默的五次经典握手［J］. 党政论坛（干部文摘）（8）：12-13.

孟红,2010. 邓小平与石油巨头哈默的交往［J］. 文史精华（2）：4-11,1.

咪咕阅读. 洛克菲勒家族：靠免费煤油灯送成富可敌国的智慧［Z/OL］. 搜狐,2017-03-21. https://www.sohu.com/a/129618176_661901.

穆伟,袁冰洁,等,2018. 中国石油之父孙健初［M］. 北京：地质出版社.

期货日报. 百年原油价格史——油价高峰与大国兴盛［Z/OL］. 新浪财经,2019-080-20. http://finance.sina.com.cn/money/future/roll/2019-08-20-doc-ihytcitn0656238.shtml.

邱中健,龚再升,1999. 中国油气勘探：第一卷［M］. 北京：石油工业出版社.

荣·切尔诺,2002. 洛克菲勒：一个关于财富的神话［M］. 王恩冕,译. 海口：海南出版社.

申力生,1984. 中国石油工业发展史：第一卷 古代的石油与天然气（修订本）［M］. 北京：石油工业出版社.

申力生, 1988. 中国石油工业发展史: 第二卷 近代石油工业 [M]. 北京: 石油工业出版社.

四川省地方志编纂委员会, 1997. 四川省志: 石油天然气工业志 [M]. 成都: 四川人民出版社.

宋良曦, 2008. 盐史论集 [M]. 成都: 四川人民出版社.

透明雨 y. 代步工具的演变——从马车到汽车 [Z/OL]. 2022-11-17. https://baijiahao.baidu.com/s?id=1749722387315089170&wfr=spider&for=pc.

王才良, 2005. 世界石油工业 140 年 [M]. 北京: 石油工业出版社.

王才良, 周珊, 2008. 世界石油大事记 [M]. 北京: 石油工业出版社.

王才良, 周珊, 2010. 石油风云故事 [M]. 北京: 石油工业出版社.

王才良, 周珊, 2011. 石油巨头: 跨国石油公司兴衰之路 [M]. 北京: 石油工业出版社.

王连芳, 1999. 新疆石油史丛稿 [M]. 乌鲁木齐: 新疆人民出版社.

王能全, 2018. 石油的时代 [M]. 北京: 中信出版集团.

王钱国忠, 2007. 李约瑟传 [M]. 上海: 上海科学普及出版社.

王志明, 2014. 翁家石油传奇 [M]. 北京: 石油工业出版社.

威廉·恩道尔, 2008. 石油战争: 石油政治决定世界新秩序 [M]. 赵刚, 旷野, 译. 北京: 知识产权出版社.

义思淼, 2011. 科教文行动·李约瑟: 揭开中国神秘面纱的人 [M]. 姜诚, 蔡庆慧, 等译. 上海: 上海科学技术文献出版社.

翁文灏, 2010. 翁文灏日记 [M]. 北京: 中华书局.

谢家荣, 1935. 中国之石油 [J]. 地理学报, 2 (1): 11-20.

新华网. 中海油竞购美国公司 遭西方媒体泄密美政客干扰 [Z/OL]. 新浪, 2005-06-27. https://news.sina.com.cn/o/2005-06-27/09456277928s.shtml.

闫建文, 2019. 回望石油发现井 [M]. 北京: 石油工业出版社.

姚妤, 蔡新苗, 2015. 图说一战二战 [M]. 北京: 北京联合出版公司.

余秋里, 1996. 余秋里回忆录 [M]. 北京: 解放军出版社.

玉门油田《石油摇篮·记忆》编委会, 2009. 石油摇篮 [M]. 北京: 石油工业出版社.

翟光明, 1996. 中国石油地质志: 卷一 总论 [M]. 北京: 石油工业出版社.

张泉, 2022. 荒野上的大师 [M]. 桂林: 广西师范大学出版社.

张尔平, 商云涛, 2022. 兵马司 9 号: 中国地质调查所旧址史考 [M]. 北京: 地质出版社.

张立生. 谢家荣: 华夏地学拓荒人——纪念谢家荣诞辰 120 周年 [Z/OL]. 清华大学校史馆, 2017-08-14. https://xsg.tsinghua.edu.cn/info/1004/2227.htm.

中国国际管道大会.一图看懂沙特阿美石油公司简史［Z/OL］.2020-06-13. https://www.sohu.com/a/401531281_99897355.

周成华,2010.三国志故事简读［M］.长春:吉林大学出版社.

朱东润,2007.陆游传［M］.北京:人民文学出版社.

朱炯远,徐彻,赵成文,等,1991.古诗景物描写类别辞典［M］.沈阳:辽宁人民出版社:375-376.

《百年石油》编写组,2009.百年石油［M］.北京:石油工业出版社.

《共产党人王进喜》编委会,2021.共产党人王进喜:看铁人是如何炼成的［M］.北京:石油工业出版社.

《石油摇篮:记忆》编委会,2012.石油摇篮:记忆［M］.北京:石油工业出版社.

《铁人王进喜》编委会,2009.铁人王进喜［M］.北京:石油工业出版社.

《图说玉门80年》编委会,2019.图说玉门80年［M］.北京:石油工业出版社.

《中国石油钻井》编辑委员会,2007.中国石油钻井:中国石化·中国海油卷［M］.北京:石油工业出版社.

《中国石油钻井》编辑委员会,2007.中国石油钻井:中国石油卷［M］.北京:石油工业出版社.

《中国石油钻井》编辑委员会,2007.中国石油钻井:综合卷［M］.北京:石油工业出版社.